Fascicule XXXII

MÉMORIAL

DES

SCIENCES MATHÉMATIQUES

PUBLIÉ SOUS LE PATRONAGE DE

L'ACADÉMIE DES SCIENCES DE PARIS,

DES ACADÉMIES DE BELGRADE, BRUXELLES, BUCAREST, COIMBRE, CRACOVIE, KIEW,
MADRID, PRAGUE, ROME, STOCKHOLM (FONDATION MITTAG-LEFFLER), ETC.
DE LA SOCIÉTÉ MATHÉMATIQUE DE FRANCE, AVEC LA COLLABORATION DE NOMBREUX SAVANTS.

DIRECTEUR

Henri VILLAT

Correspondant de l'Académie des Sciences de Paris,
Professeur à la Sorbonne
Directeur du « Journal de Mathématiques pures et appliquées »

FASCICULE XXXII

La Méthode des Fonctions majorantes et les systèmes d'Équations aux dérivées partielles

PAR M. CH. RIQUIER

Correspondant de l'Institut, Professeur honoraire à l'Université de Caen.

PARIS

GAUTHIER-VILLARS ET Cⁱᵉ, ÉDITEURS

LIBRAIRES DU BUREAU DES LONGITUDES, DE L'ÉCOLE POLYTECHNIQUE,
Quai des Grands-Augustins, 55.

1928

MÉMORIAL

DES

SCIENCES MATHÉMATIQUES

PARIS. — IMPRIMERIE GAUTHIER-VILLARS ET Cⁱᵉ.

79178   Quai des Grands-Augustins, 55.

MÉMORIAL

DES

SCIENCES MATHÉMATIQUES

PUBLIÉ SOUS LE PATRONAGE DE

L'ACADÉMIE DES SCIENCES DE PARIS,

DES ACADÉMIES DE BELGRADE, BRUXELLES, BUCAREST, COÏMBRE, CRACOVIE, KIEW,
MADRID, PRAGUE, ROME, STOCKHOLM (FONDATION MITTAG-LEFFLER), ETC.,
DE LA SOCIÉTÉ MATHÉMATIQUE DE FRANCE, AVEC LA COLLABORATION DE NOMBREUX SAVANTS.

DIRECTEUR :

Henri VILLAT
Correspondant de l'Académie des Sciences de Paris,
Professeur à la Sorbonne,
Directeur du « Journal de Mathématiques pures et appliquées. »

FASCICULE XXXII

La Méthode des Fonctions majorantes et les systèmes d'Équations aux dérivées partielles

PAR M. Ch. RIQUIER

Correspondant de l'Institut, Professeur honoraire à l'Université de Caen.

PARIS

GAUTHIER-VILLARS ET Cⁱᵉ, ÉDITEURS

LIBRAIRES DU BUREAU DES LONGITUDES, DE L'ÉCOLE POLYTECHNIQUE
Quai des Grands-Augustins, 55.

1928

MÉTHODE DES FONCTIONS MAJORANTES

ET LES

SYSTÈMES D'ÉQUATIONS AUX DÉRIVÉES PARTIELLES

Par M. Ch. RIQUIER

CHAPITRE I.

CAUCHY INITIATEUR DE LA MÉTHODE DES FONCTIONS MAJORANTES ; APERÇU HISTORIQUE.

Principe de la méthode.

1. Dans l'étude des systèmes, quels qu'ils soient, d'équations aux dérivées partielles, la question qui, logiquement, précède toutes les autres est celle de l'existence même de leurs intégrales.

Cauchy parvint, le premier, en considérant les cas les plus simples, qui se présentent tout d'abord, à des démonstrations rigoureuses. Dans les tomes XIV, XV et XVI des *Comptes rendus de l'Académie des Sciences* (1842 et 1843), il prouve l'existence des intégrales d'un système d'équations différentielles ordinaires, en précisant ce que l'on doit entendre par *intégrales générales* d'un pareil système ; puis il étudie au même point de vue un système linéaire de m équations aux dérivées partielles du premier ordre, impliquant un nombre égal de fonctions inconnues,

$$\varpi_1, \quad \varpi_2, \quad \ldots, \quad \varpi_m;$$

et tel qu'on puisse le résoudre par rapport aux m dérivées

$$\frac{d\varpi_1}{dt}, \quad \frac{d\varpi_2}{dt}, \quad \ldots, \quad \frac{d\varpi_m}{dt},$$

toutes relatives à une même variable t. Ce dernier résultat, malgré tout l'intérêt qu'il présentait, est resté pendant longtemps peu connu : mais, depuis un demi-siècle environ, la méthode employée par Cauchy, sous le nom de *Calcul des limites*, pour démontrer la convergence des développements des intégrales, a pris progressivement une très grande extension; elle porte aujourd'hui le nom de *Méthode des fonctions majorantes*. Indiquons-en brièvement le principe, et définissons tout d'abord les fonctions dites *majorantes*.

Les notations x, y, ... désignant des variables indépendantes, si, dans toute l'étendue de quelque domaine ayant pour centre le point $(x_0, y_0, \ldots)$, une fonction $F(x, y, \ldots)$ est exprimable à l'aide d'une série procédant suivant les puissances entières et positives de $x - x_0$, $y - y_0$, ..., cette fonction, qui, par le fait même, est analytique, est dite *régulière* au point $(x_0, y_0, \ldots)$.

Si deux fonctions, $f(x, y, \ldots)$, $\varphi(x, y, \ldots)$, sont l'une et l'autre régulières au point $(x_0, y_0, \ldots)$, si, de plus, les valeurs en ce point de $\varphi(x, y, \ldots)$ et de toutes ses dérivées sont réelles, positives, et respectivement supérieures aux modules des valeurs correspondantes de $f(x, y, \ldots)$ et de ses dérivées semblables, la fonction $\varphi(x, y, \ldots)$ est dite, au point $(x_0, y_0, \ldots)$, *majorante* de $f(x, y, \ldots)$.

Cela étant, et un système différentiel étant donné, le principe de la méthode consiste à établir, si possible, une correspondance terme à terme entre deux groupes de développements entiers, savoir :

D'une part, dans le système donné, les développements formels des intégrales *hypothétiques* dont on cherche à prouver l'existence effective;

D'autre part, dans un système auxiliaire approprié, obtenu par l'application d'un mécanisme où interviennent les fonctions majorantes, les développements, nécessairement convergents, d'intégrales *effectives* convenablement choisies.

Et il faut, pour le succès de la méthode, qu'en s'appuyant sur la convergence (certaine) des développements du second groupe, on puisse, de la correspondance ainsi établie et de la définition des

fonctions majorantes, conclure, à plus forte raison, à la convergence
des développements du premier groupe.

Pour faire saisir plus nettement cette indication générale, forcément un peu vague, nous considérerons le cas le plus simple, celui
d'un système d'équations différentielles ordinaires (n° 2, *infra*);
nous nous attacherons d'ailleurs uniquement à mettre le mieux possible l'idée directrice en lumière, sans nous astreindre en aucune
façon à suivre pas à pas les indications du texte même de Cauchy, et
sans nous interdire aucune modification pouvant contribuer à une
clarté plus grande des raisonnements.

2. Considérons donc un système d'équations différentielles ordinaires résolu par rapport aux dérivées des fonctions inconnues qui
s'y trouvent engagées, et mis sous la forme

$$(1)\quad\begin{cases}\dfrac{du}{dx} = U(x, u, v, \ldots, w),\\[2mm]\dfrac{dv}{dx} = V(x, u, v, \ldots, w),\\[2mm]\cdots\cdots\cdots\cdots\cdots\cdots\cdots\cdots\\[2mm]\dfrac{dw}{dx} = W(x, u, v, \ldots, w):\end{cases}$$

dans ces formules, $u, v, \ldots, w$ désignent des fonctions inconnues
de la variable indépendante x, laquelle est, indifféremment, réelle
ou imaginaire, et les seconds membres sont des fonctions connues
de $x, u, v, \ldots, w$; supposant essentiellement que ces dernières sont
analytiques, on ne considère, parmi les intégrales du système, que
celles qui elles-mêmes sont *analytiques*, et, parmi les intégrales
analytiques, que celles qui satisfont à la condition suivante :

« Il existe quelque région de l'espace $\big[[x]\big]$ telle que non seulement ces intégrales y soient régulières, mais que, de plus, les
valeurs qu'elles y prennent, associées à celle de la variable x, ne
sortent jamais d'une région de l'espace $\big[[x, u, v, \ldots, w]\big]$ où les
seconds membres du système le soient aussi. »

De pareilles intégrales seront qualifiées d'*ordinaires* : du fait
même qu'elles sont *ordinaires*, elles vérifient, non seulement les
équations du système (1), mais encore toutes celles qui s'en déduisent
par différentiations.

Cela posé, si l'on désigne par $(x_0, u_0, v_0, \ldots, w_0)$ un point de l'espace $[[x, u, v \ldots, w]]$ où les seconds membres du système (1) soient tous réguliers (n° 1), *le système* (1) *admet un groupe d'intégrales ordinaires, et un seul, satisfaisant aux conditions initiales*

$$(2) \qquad \left\{ \begin{array}{l} u = u_0 \\ v = v_0 \\ \cdots\cdots \\ w = w_0 \end{array} \right\} \qquad \text{pour } x = x_0.$$

Les indications qui suivent (I, II, III, *infra*) permettront de reconstituer la démonstration *in extenso* de cette propriété.

I. S'il existe un groupe d'intégrales ordinaires répondant aux conditions initiales (2), ce groupe est unique, et les développements des intégrales à partir de x_0 peuvent être facilement reconstruits.

Adjoignons en effet aux équations (1) toutes celles qui s'en déduisent par différentiations, et partageons l'ensemble de ces relations en groupes successifs, $G_1, G_2, G_3, \ldots$ d'après les ordres croissants 1, 2, 3, ... de leurs premiers membres. Les groupes ainsi obtenus présentent manifestement la structure suivante :

Le groupe G_1, qui n'est autre que (1), aura pour premiers membres

$$\frac{du}{dx}, \quad \frac{dv}{dx}, \quad \cdots, \quad \frac{dw}{dx},$$

et ne contiendra dans ses seconds membres que la variable indépendante x et les intégrales $u, v, \ldots, w$.

Le groupe G_2 aura pour premiers membres les dérivées secondes des intégrales, et ne contiendra dans ses seconds membres que la variable, les intégrales, et leurs dérivées premières.

Le groupe G_3 aura pour premiers membres les dérivées troisièmes des intégrales, et ne contiendra dans ses seconds membres que la variable, les intégrales, et leurs dérivées premières et secondes.

Et ainsi de suite indéfiniment.

Cela posé, attribuons à x sa valeur initiale x_0 : comme on doit avoir

$$u = u_0, \quad v = v_0, \quad \cdots \quad w = w_0 \quad \text{pour } x = x_0,$$

les valeurs initiales des seconds membres de G_1 sont connues, et, par suite, les valeurs initiales des dérivées premières

$$\frac{du}{dx}, \quad \frac{dv}{dx}, \quad \cdots, \quad \frac{dw}{dx}.$$

Cela étant, les valeurs initiales des seconds membres de G_2 sont elles-mêmes connues, et, par suite, les valeurs initiales des dérivées secondes; à leur tour, les valeurs initiales des seconds membres de G_3 le seront aussi, et, par suite, les valeurs initiales des dérivées troisièmes; et ainsi de suite indéfiniment. Or, les valeurs initiales des intégrales et de leurs dérivées de tous ordres ne sont autres, aux facteurs numériques connus près, que les coefficients de leurs développements à partir de x_0 : il ne peut donc exister plus d'un groupe d'intégrales répondant aux conditions initiales (2), et les développements de ces intégrales peuvent être reconstruits *a priori*.

II. Si les développements, reconstruits *a priori*, des intégrales hypothétiques répondant aux conditions initiales (2) sont convergents, leurs sommes constituent effectivement un groupe d'intégrales du système (1)

Désignons en effet par S_u, S_v, ..., S_w les sommes des développements, et considérons un domaine $\mathfrak{D}$, de centre x_0, dont le rayon soit suffisamment petit pour que chacune des fonctions de x en lesquelles se transforment, par la substitution de S_u, S_v, ..., S_w à u, v, ..., w, les deux membres des diverses équations (1) soit exprimable, dans le domaine dont il s'agit, par la somme d'une série entière en $x - x_0$. En vertu même du calcul qui a fourni les coefficients des développements, la valeur initiale x_0 de x, prise conjointement avec les valeurs initiales u_0, v_0, ..., w_0 de S_u, S_v, ..., S_w et avec celles de toutes leurs dérivées, vérifie numériquement les équations (1) et toutes leurs équations dérivées, en sorte que les fonctions

$$(3) \qquad \frac{dS_u}{dx}, \quad \frac{dS_v}{dx}, \quad \cdots, \quad \frac{dS_w}{dx}$$

et leurs dérivées de tous ordres sont, pour $x = x_0$, numériquement égales aux fonctions

$$(4) \qquad \begin{cases} U(x, S_u, S_v, ..., S_w), \\ V(x, S_u, S_v, ..., S_w). \\ \cdots\cdots\cdots\cdots\cdots, \\ W(x, S_u, S_v, ..., S_w) \end{cases}$$

et à leurs dérivées semblables; donc, en vertu d'un théorème fondamental sur l'égalité identique entre deux fonctions analytiques, les fonctions (3) sont identiquement égales aux fonctions (4) dans toute l'étendue du domaine $\mathfrak{D}$.

III. Tout revient donc à prouver la convergence des développements, construits *a priori*, des intégrales hypothétiques : comme nous l'avons exposé ailleurs (voir *Les systèmes d'équations aux dérivées partielles*, n° 114, alinéas II à VIII; c'est aux alinéas V et VI qu'interviennent les fonctions majorantes), on peut commencer par établir cette convergence dans le cas où les seconds membres de (1) sont supposés indépendants de la variable x; on en déduit ensuite très facilement le cas général.

3. Des raisonnements mis en œuvre dans l'exemple qui fait l'objet du numéro précédent, un triple fait se dégage :

La méthode des fonctions majorantes ne s'applique qu'aux *systèmes différentiels du monde analytique*.

Elle ne vise, dans ces systèmes, que les *intégrales analytiques ordinaires*.

Elle considère de pareilles intégrales comme déterminées par un système de *conditions* dites *initiales*.

Les Chapitres qui suivent feront ressortir de plus en plus nettement la nécessité, imposée par la méthode même, du point de vue dont nous venons de formuler la synthèse.

Aperçu historique.

4. Le principe de la méthode des fonctions majorantes a été adopté, après Cauchy (1842 et 1843), par un grand nombre de géomètres.

En 1856, Briot et Bouquet, dans un Mémoire sur les systèmes d'équations différentielles ordinaires (¹), donnèrent une démonstration simplifiée de l'existence de leurs intégrales.

En 1872, le même point fut établi pour les systèmes dits *complètement intégrables* d'équations différentielles totales, et deux géomètres, Méray et Bouquet, en publièrent presque simultanément la solution (²).

En 1875, les résultats, encore peu connus, de Cauchy sur les systèmes partiels furent établis de nouveau par Darboux et par Mme de Kowalevsky : cette dernière y avait été conduite par la considération du système partiel qui porte son nom, système composé d'équations en nombre égal à celui des fonctions inconnues, et tel, qu'en désignant par

$$\varphi_1, \quad \varphi_2, \quad \ldots \quad \varphi_k,$$

les fonctions dont il s'agit et par

$$k_1, \quad k_2, \quad \ldots, \quad k_n,$$

les ordres respectifs du système par rapport à elles, celui-ci soit résoluble par rapport aux dérivées

$$\frac{\partial^{k_1} \varphi_1}{\partial x^{k_1}}, \quad \frac{\partial^{k_2} \varphi_2}{\partial x^{k_2}}, \quad \ldots, \quad \frac{\partial^{k_g} \varphi_g}{\partial x^{k_g}},$$

toutes relatives à une même variable x. Les recherches de Mme de Kowalevsky ont fait l'objet d'un Mémoire publié dans le *Journal de Crelle* ([3]); Darboux, qui avait entrepris de son côté une recherche analogue, s'est borné à indiquer sa démonstration dans deux Notes communiquées à l'Académie des Sciences ([4]).

5. Les quelques travaux que nous avons cités jusqu'ici ne visent que des cas relativement aisés à traiter : ces cas étant mis à part, l'étude des conditions d'existence des intégrales présente des complications multiples, et elle a nécessité de laborieuses et persévérantes recherches.

En 1880, Méray publia un Mémoire où il se proposait de traiter la question d'une façon générale ([5]). Ce travail, qui mettait en lumière divers principes importants, ne s'appliquait cependant qu'aux systèmes du premier ordre; il contenait d'ailleurs une fausse extension de la méthode des fonctions majorantes, et formulait, relativement à la convergence des développements des intégrales, une conclusion trop hâtive, et, dans bien des cas, erronée ([6]) : pour cette double raison, il était loin de donner la solution cherchée. Sa lecture, toutefois, puis, en 1890, une collaboration fournie à Méray en vue de réparer l'erreur commise ([7]), ont été le point de départ des travaux de M. Riquier : indiquons sommairement les contributions de ce géomètre à la méthode dont nous retraçons l'historique, avec les conclusions qu'il en a tirées pour la théorie générale des systèmes différentiels du monde analytique ([8]).

6. Alors que le travail publié en 1890 par Méray et M. Riquier se bornait à l'étude d'une classe, relativement fort restreinte, de systèmes d'équations aux dérivées partielles, alors que, même chez des auteurs ayant le goût et le souci des vues élevées, la considération trop exclusive des systèmes du premier ordre n'avait rendu possibles que de très vagues aperçus sur les systèmes quelconques, M. Riquier

a pu, par la considération des types complètement intégrables d'ordre
supérieur, y substituer des résultats précis sur le nombre et la nature
des éléments arbitraires qui figurent dans les intégrales générales. La
fixation, dont il a fait connaître le mécanisme, de l'*économie des
conditions initiales* à imposer aux intégrales ([9]) (*voir* Chap. II,
infra), l'introduction des *cotes*, qui l'a conduit, pour les dérivées
des fonctions inconnues, à un classement fécond en résultats, celle
de la forme *orthonome* (*voir* Chap. III, *infra*), dont il a établi les
conditions de *passivité*, et à laquelle il a étendu la Méthode des fonctions majorantes, jouent dans ses travaux un rôle capital; cette forme,
supposée passive, comprend comme cas très particuliers tous les
types complètement intégrables antérieurement examinés. Mettant à
profit sa très grande souplesse, M. Riquier a pu montrer que, sauf
constatation éventuelle d'incompatibilité, tout système différentiel du
monde analytique est, en théorie pure, réductible à une forme complètement intégrable, et que sa solution générale dépend, par suite,
de fonctions (ou constantes) arbitraires en nombre fini ([10]); puis,
comparant, dans deux formes complètement intégrables d'un même
système différentiel, le nombre et la nature des éléments arbitraires
que l'économie des conditions initiales met en évidence, il a établi
l'invariance de deux entiers caractéristiques, qui lui fournissent la
base d'une notion nouvelle, celle du *degré de généralité* d'un système (*voir* Chap. IV, *infra*) ([11]).

7. Bien que ces résultats fondamentaux, déduits de la considération des systèmes orthonomes passifs, fussent désormais acquis, il
n'en était pas moins utile de poursuivre l'étude des questions d'existence, et de chercher à généraliser, en les simplifiant, si possible, les
règles déjà établies. Dans cette voie, un important progrès a été
réalisé : d'une part, grâce à un lemme de nature algébrique qu'il a
signalé ([12]), M. Riquier a rendu la méthode des fonctions majorantes
applicable à des cas beaucoup plus étendus; d'autre part, grâce à
certaines réductions (fondées sur la considération du Tableau des
conditions initiales) des systèmes différentiels étudiés, il a substitué
à la règle primitive exprimant les conditions d'intégrabilité complète
des systèmes orthonomes une règle, notablement plus avantageuse,
applicable, elle aussi, à des systèmes plus généraux ([13]). Nous don-
nons au Chapitre V, en l'éclairant de quelques exemples (n°s 38, 42

et 43, *infra*), l'indication succincte de ces nouveaux résultats : conditionnés (il ne saurait en être autrement) par des restrictions d'inégalité, ils se formulent en énoncés précis, et ouvrent à la Méthode des fonctions majorantes un champ d'application des plus vastes, que les travaux postérieurs, quelque distingués qu'ils soient, n'ont pas élargi ([11]).

Et ici se pose une question que nous signalons à l'attention des chercheurs : un pareil élargissement est-il encore possible? Ou bien, au contraire, les restrictions d'inégalité auxquelles il vient d'être fait allusion englobent-elles tous les cas de quelque importance où la Méthode puisse intervenir avec succès? Une certitude positive sur ce point fournirait, pour l'orientation de futurs travaux, une indication des plus précieuses.

8. Un théorème quelconque d'existence étant supposé établi, une étude fort intéressante, dans les cas où elle est possible, consiste à *prolonger analytiquement* les intégrales, c'est-à-dire à délimiter, autour des domaines de convergence primitivement assignés à leurs développements fondamentaux, certaines régions, plus ou moins étendues, où elles soient calculables par cheminement; mais les résultats obtenus dans ce genre de recherche sont jusqu'à présent peu nombreux : l'un d'eux, qui fait l'objet du Chapitre VI, est basé sur la considération des fonctions majorantes ([13]); il assure, pour certains systèmes d'équations aux dérivées partielles linéaires, la possibilité du prolongement analytique des intégrales dans les limites où cette possibilité existe à la fois pour les *coefficients* du système et pour les *déterminations initiales* des intégrales.

9. Les intégrales dont on prouve l'existence par la méthode des fonctions majorantes étant, comme nous l'avons dit (n° 3), nécessairement ordinaires, il semble tout d'abord que le titre même du présent Volume y interdise toute considération ayant trait aux intégrales singulières : c'est là toutefois une impression superficielle que la réflexion ne tarde pas à modifier. Si l'on observe, en effet, que les intégrales *ordinaires*, d'une part, et *singulières*, d'autre part, doivent, *si leur définition est bien posée*, se trouver, du seul fait de cette définition, en opposition logique (le A et le *non* A), on sentira combien il est opportun de donner une réponse immédiate à des

questions qui d'elles-mêmes se posent, de préciser, dans le sens
voulu, la notion, trop souvent confuse, d'*intégrales singulières*, et
de l'illustrer par une brève indication des premières conséquences
qu'elle entraîne ([10]). .

CHAPITRE II.

ÉCONOMIE DES CONDITIONS INITIALES DANS LES SYSTÈMES DIFFÉRENTIELS RÉSOLUS PAR RAPPORT A DIVERSES DÉRIVÉES DES FONCTIONS INCONNUES.

Fonctions schématiques et coupures ([17]).

10. L'expression la plus générale d'une fonction de x, y, $\ldots$
régulière au point $(x_0, y_0, \ldots)$ s'obtient, comme il ressort d'une
définition rappelée plus haut (n° 1), par la considération d'une série
entière en $x - x_0$, $y - y_0$, $\ldots$, dont *tous* les coefficients sont arbitraires, et soumis, dans leur ensemble, à la seule restriction de la
convergence. Un pareil développement, à coefficients *tous* indéterminés, constitue ce que nous nommerons une *fonction schématique*
de x, y, $\ldots$ ayant pour *termes élémentaires* les termes mêmes du
développement; si, comme cas extrême, le nombre des variables
indépendantes se réduit à zéro, le développement se réduit à une
simple *constante schématique*, que nous assimilerons souvent, pour
l'uniformité du langage, à une fonction schématique *dégénérée*.

(Il importe d'observer que si quelques-uns des coefficients, fût-ce
même un seul, viennent à être remplacés par des valeurs numériques
particulières au lieu de rester arbitraires, le développement considéré
cesse par là même d'être une fonction schématique; c'est ce qui
arrive, notamment, si l'on en supprime un ou plusieurs termes
élémentaires.)

Si, dans une question où les variables indépendantes sont x, y, $\ldots$,
on est conduit à considérer une fonction schématique de quelques-unes
de ces dernières, celles d'entre les différences $x - x_0$, $y - y_0$ $\ldots$
dont la fonction schématique ne dépend pas lui seront dites
étrangères : si, notamment, la fonction schématique est dégénérée,
les différences $x - x_0$, $y - y_0$, $\ldots$ lui sont toutes étrangères; si
elle dépend de toutes les variables x, y, $\ldots$, aucune des différences
dont il s'agit ne lui est étrangère.

Considérons actuellement g fonctions schématiques (dégénérées ou non) de telles ou telles des variables x, y, ..., et indiquons, suivant les conventions ordinaires de l'écriture algébrique, en premier lieu, que chacune d'elles doit être multipliée par tel ou tel monome entier en $x - x_0$, $y - y_0$, ... ayant pour coefficient l'unité (avec un degré positif ou nul); en second lieu, que ces g produits doivent être ajoutés les uns aux autres : nous aurons ainsi une expression de la forme

$$\sum_{n=1}^{n=g} (x - x_0)^{a_n}(y - y_0)^{b_n}\ldots F_{\theta_n},$$

où a_n, b_n, ... désignent des entiers positifs ou nuls, θ_n un groupe de variables indépendantes extrait du groupe total x, y, ..., et F_{θ_n} une fonction schématique des seules variables θ_n. Une pareille expression portera le nom de *somme schématique*, et, parmi les divers facteurs qui concourent, comme il vient d'être dit, à sa formation, nous distinguerons, d'une part, les g *facteurs schématiques*

$$F_{\theta_1}, \quad F_{\theta_2}, \quad \ldots, \quad F_{\theta_g},$$

d'autre part, les g *facteurs monomes* correspondants

$$(x - x_0)^{a_1}(y - y_0)^{b_1}\ldots,$$
$$(x - x_0)^{a_2}(y - y_0)^{b_2}\ldots.$$
$$\ldots\ldots\ldots\ldots\ldots\ldots\ldots\ldots,$$
$$(x - x_0)^{a_g}(y - y_0)^{b_g}\ldots.$$

Les *termes élémentaires* de la somme seront les produits partiels qu'on obtient, *sans réduction de termes semblables*, en multipliant les termes élémentaires de tout facteur schématique par le facteur monome qui lui correspond : dans le cas où les produits partiels dont il s'agit sont tous dissemblables, la somme schématique sera dite *irréductible*. Enfin, les *termes schématiques* de la somme seront les g produits

$$(x - x_0)^{a_n}(y - y_0)^{b_n}\ldots F_{\theta_n} \qquad (n = 1, 2, \ldots, g),$$

dont chacun fournit tout un groupe de termes élémentaires; un terme schématique sera dit *dégénéré*, si le facteur schématique qui y figure est lui-même dégénéré, et il ne fournira alors qu'un seul terme élémentaire de la somme.

Cela posé, considérons, d'une part, une fonction schématique de x, y, ..., d'autre part, un ensemble, E, formé avec des monomes entiers par rapport à $x - x_0$, $y - y_0$, ..., qui présentent tous un degré supérieur à zéro, aient pour coefficient l'unité, et soient en nombre essentiellement *limité* : si, dans le développement de la fonction schématique, on supprime tous les termes élémentaires qui admettent pour diviseur quelqu'un des monomes de l'ensemble, la portion restante du développement se nommera le *résidu* de la *coupure* E, pratiquée dans le développement total.

On peut évidemment, sans changer le résidu, supprimer de l'ensemble E tout monome qui admettrait pour diviseur quelque autre monome du même ensemble : en opérant les suppressions de ce genre jusqu'à ce qu'il n'y en ait plus de possible, on tombe finalement sur un ensemble que nous qualifierons d'*irréductible*. D'après cela, si, dans une fonction schématique de x, y, ..., on se propose d'opérer une coupure à l'aide d'un ensemble donné, celui-ci, moyennant la suppression éventuelle de quelques-uns des monomes qui le constituent, peut toujours être supposé irréductible.

Enfin, les monomes de l'ensemble donné étant tous, par hypothèse, de degré supérieur à zéro, si, comme nous allons en formuler la possibilité, on met le résidu de la coupure sous la forme d'une somme schématique irréductible, l'expression ainsi obtenue, dont tous les facteurs monomes sont nécessairement distincts, en contiendra un, et un seul, de degré zéro.

Voici maintenant l'énoncé de la proposition capitale à laquelle il vient d'être fait allusion :

Si, dans une fonction schématique, on se propose d'opérer une coupure à l'aide d'un ensemble E, l'application d'un procédé tout élémentaire (dont l'indication se trouve contenue dans la démonstration; voir *Les systèmes d'équations aux dérivées partielles*, n° 81) *fournit pour le résidu une somme schématique irréductible.*

11. Supposons actuellement que le résidu d'une coupure E, pratiquée dans le développement d'une fonction schématique de x, y, ..., ait été mis, d'une manière quelconque, sous la forme d'une *somme schématique irréductible*,

$$(1) \qquad \sum_{n=1}^{n=g} (x - x_0)^{a_n}(y - y_0)^{b_n} \ldots F_{q_n}$$

(où a_n, b_n, ... désignent des entiers positifs ou nuls, θ_n un groupe de variables extrait du groupe total x, y, ..., et F_{θ_n} une fonction schématique des seules variables θ_n); puis, désignons par ω_n le groupe de variables complémentaire du groupe θ_n, c'est-à-dire tel que l'ensemble de ces deux groupes reproduise une fois et une seule chacune des variables indépendantes x, y, ...

Cela posé, *si, considérant le développement schématique total de notre fonction, on en prend* (terme à terme) *la dérivée d'ordres partiels* a_n, b_n, ..., *et qu'on attribue ensuite aux variables du groupe* ω_n *leurs valeurs initiales, on tombe sur un développement,* Φ_{θ_n}, *ne dépendant* évidemment, *comme* F_{θ_n}, *que des seules variables du groupe* θ_n. *Or, ces deux développements,* F_{θ_n}, Φ_{θ_n}, *peuvent se déduire l'un de l'autre par des dérivations ou des quadratures* (exécutées terme à terme); *la convergence du premier dans certaines limites entraîne d'ailleurs celle du second dans les mêmes limites, et réciproquement.*

(Voir *Les systèmes,* etc., n° 82.)

12. Supposons que, dans une question quelconque, u désigne une fonction inconnue des variables x, y, ... assujettie, entre autres conditions, à être régulière au point $(x_0, y_0, ...)$; tous les coefficients de son développement à partir des valeurs particulières x_0, y_0, ... étant, jusqu'à nouvel ordre, indéterminés, ou, en d'autres termes, le développement étant, jusqu'à nouvel ordre, schématique, désignons par E un ensemble donné, et considérons le résidu de la coupure pratiquée dans le développement à l'aide de E (n° 10); supposons enfin que, parmi les coefficients, jusqu'ici tous indéterminés, du développement de u, ceux du résidu soient assujettis à avoir des valeurs numériques assignées d'avance (et choisies de telle façon que le résidu soit convergent). Cela étant, si le résidu, considéré d'abord schématiquement, a été mis sous la forme d'une somme schématique irréductible telle que (1), la donnée, dont il s'agit pourra se formuler des deux manières suivantes :

Ou bien on se donnera (numériquement, comme il vient d'être dit) les g fonctions

$$F_{\theta_1},\ F_{\theta_2},\ ...,\ F_{\theta_g}$$

qui figurent (schématiquement) dans l'expression (1);

Ou bien, faisant successivement

$$n = 1, 2, \ldots, g,$$

on se donnera (numériquement) la fonction des variables θ_n à laquelle se réduit

$$\frac{\partial^{a_n + b_n + \ldots} u}{\partial x^{a_n} \partial y^{b_n} \ldots}$$

par l'attribution aux variables ω_n de leurs valeurs initiales.

Moyennant le recours éventuel à des quadratures, *cette seconde donnée est*, comme nous venons de le voir (n° 11), *entièrement équivalente à la première, et se compose de développements convergeant respectivement dans les mêmes limites.*

Le lecteur trouvera dans l'Ouvrage déjà cité (*Les Systèmes, etc.*, n° 83 et 84) quelques exemples destinés à éclairer les considérations qui précèdent.

Économie des conditions initiales.

13. Étant donné un système différentiel, S, *résolu par rapport à diverses dérivées des fonctions inconnues, u, v, …,* qui s'y trouvent engagées, nous conviendrons de dire qu'une dérivée de ces fonctions est *principale* relativement au système, lorsqu'elle coïncide, soit avec quelqu'un des premiers membres, soit avec quelqu'une de leurs dérivées; nous conviendrons de dire, dans le cas contraire, qu'elle est *paramétrique.*

Considérant, dans un pareil système S, un groupe d'intégrales que nous supposerons développables, à partir des valeurs initiales x_0, y_0, … choisies pour les variables indépendantes $x, y, \ldots$, en séries entières par rapport aux accroissements $x - x_0, y - y_0, \ldots$, nous nommerons *détermination initiale* de l'une d'entre elles la portion de son développement formée par l'ensemble des termes qui, aux facteurs numériques connus près, ont pour coefficients les valeurs initiales de la fonction et de ses dérivées paramétriques de tous ordres; la portion restante, où figurent de même les valeurs initiales des dérivées principales, se nommera la *partie principale* du développement.

On peut, à l'aide des notions établies sur les fonctions schématiques et les coupures, obtenir d'une manière fort simple la forme schématique des déterminations initiales d'un groupe quelconque d'intégrales u, v, … : il est clair, en effet, que, si les dérivées de u qui figurent dans les premiers membres du système S ont pour ordres partiels respectifs, relativement à x, y, …,

$$\alpha',\ \beta',\ \dots$$
$$\alpha'',\ \beta'',\ \dots$$
$$\dots\ \dots\ \dots$$

il suffit, pour avoir la forme schématique de la détermination initiale de u, de pratiquer, dans le développement schématique de cette fontion, la coupure

$$(x - x_0)^{\alpha'}(y - y_0)^{\beta'}\dots$$
$$(x - x_0)^{\alpha''}(y - y_0)^{\beta''}\dots$$
$$\dots\dots\dots\dots\dots\dots\dots$$

En conséquence (n°s 10, 11 et 12), la donnée des déterminations initiales d'un groupe d'intégrales (hypothétiques) équivaut à celle de fonctions (ou constantes) en nombre essentiellement fini, et, pour se donner arbitrairement les déterminations dont il s'agit, il suffit d'imposer aux intégrales et à telles ou telles de leurs dérivées, en nombre essentiellement limité, la condition de se réduire respectivement, pour les valeurs initiales de tels ou tels groupes de variables, à des fonctions arbitraires des groupes de variables restants (chacune de ces fonctions doit, naturellement, être supposée développable à partir des valeurs initiales des variables dont elle dépend). Ainsi se trouve fixé ce que l'on peut appeler l'*économie des conditions initiales* du système.

(Voir *Les systèmes, etc.*, n° 90.)

14. La fixation, qui vient d'être exposée, de l'économie des conditions initiales trouve sa première application dans le problème général du Calcul inverse de la dérivation, lequel peut s'énoncer comme il suit :

Chercher toute fonction des variables x, y, … développable à *partir de valeurs données, $x_0, y_0, \ldots$, et dont on suppose données telles ou telles dérivées* (ces dernières nécessairement développables, comme la fonction cherchée, à partir de $x_0, y_0, \ldots$).

Bornons-nous à l'indication sommaire des résultats.

I. Nous poserons tout d'abord les définitions suivantes ([18]) :

Si l'on considère deux dérivées (distinctes) d'une fonction quelconque, $F(x, y, \ldots)$, et que l'on adjoigne mentalement à chacune d'elles la suite indéfinie de ses propres dérivées, tout terme commun aux deux groupes illimités ainsi obtenus se nommera une *résultante* des deux dérivées en question. Pour passer de la fonction $F(x, y, \ldots)$ à l'une ou à l'autre de ces dernières, il faut exécuter sur elle certaines différentiations, dont quelques-unes peuvent être les mêmes de part et d'autre : en désignant par le symbole D. l'ensemble des différentiations communes, et par les symboles D'., D". l'ensemble des différentiations restantes pour la première et la seconde dérivée respectivement, les deux dérivées considérées peuvent évidemment s'écrire

$$D.D'.F(x, y, \ldots), \quad D.D''.F(x, y, \ldots),$$

et l'on voit sans peine : 1° qu'elles admettent

$$D.D'.D''.F(x, y, \ldots)$$

comme *résultante unique d'ordre minimum*; 2° que le groupe complet de leurs résultantes s'obtient en adjoignant à celle d'ordre minimum la suite indéfinie de ses propres dérivées.

Considérons maintenant un système différentiel résolu par rapport à diverses dérivées des fonctions inconnues qui s'y trouvent engagées, et, dans ce système, deux équations ayant pour premiers membres respectifs deux dérivées d'une même inconnue; puis prenons la résultante d'ordre minimum de ces dérivées, et répétons l'opération en faisant varier de toutes les manières possibles le choix de la fonction inconnue et celui des deux équations sur les premiers membres desquelles on doit opérer : les résultantes, en nombre essentiellement limité, que nous obtiendrons ainsi, se nommeront, par rapport au système donné, les dérivées *cardinales* de ses diverses fonctions inconnues. Il va sans dire que toute fonction inconnue dont une seule dérivée (au plus) figure dans les premiers membres du système n'admet aucune dérivée cardinale.

II. Conditions de possibilité du problème; solution générale. — Considérons un système différentiel ayant pour premiers membres (tous distincts) diverses dérivées de la fonction inconnue (unique) u, et pour seconds membres diverses fonctions données de x, y, ..., toutes développables à partir de x_0, y_0, ...

Pour qu'un pareil système admette quelque intégrale u développable à partir de x_0, y_0, ..., il est nécessaire que les diverses expressions déduites du système pour une même dérivée cardinale quelconque de u soient identiquement égales entre elles.

Ces identités étant supposées satisfaites, il existe une infinité d'intégrales développables à partir de x_0, y_0, ...; l'une quelconque d'entre elles se trouve entièrement déterminée si l'on se donne les fonctions ou constantes (arbitraires), en nombre fini, dont la connaissance équivaut à celle de sa détermination initiale (n°s 12, 13), et elle ne peut manquer d'être développable dans les limites où le sont à la fois les fonctions dont il s'agit et les seconds membres du système.

Enfin, *pour avoir la solution générale du problème posé, il suffit d'en connaître une solution particulière quelconque.*

' (Voir *Les systèmes*, etc., n° 93) ([19]).

III. Recherche, dans le cas de possibilité, de la solution particulière répondant a des conditions initiales données. — Cette recherche se ramène à une recherche du même genre successivement exécutée sur diverses équations dont chacune a la forme

$$\frac{\partial u}{\partial x} = f(x, y, \ldots).$$

ou, en d'autres termes, à un certain nombre de *quadratures*. La seule inspection des équations proposées et du Tableau des conditions initiales, ces dernières étant convenablement écrites, suffit d'ailleurs pour qu'on puisse former *immédiatement* le Tableau des quadratures successives.

· (Voir *Les systèmes*, etc., n°s 95, 96, 97) ([20]).

CHAPITRE III.

LES SYSTÈMES ORTHONOMES; LEURS CONDITIONS DE PASSIVITÉ; EXTENSION A CES SYSTÈMES DE LA MÉTHODE DES FONCTIONS MAJORANTES.

Systèmes passifs: systèmes complètement intégrables.

15. Nous dirons qu'un système différentiel est *limité* ou *illimité*, suivant qu'il se compose d'un nombre limité ou illimité d'équations, et nous supposerons expressément que tout système différentiel directement donné est limité. Nous supposerons en outre que, les seconds membres du système ayant été réduits à zéro (par la simple transposition des termes qu'ils contenaient), les premiers membres sont des fonctions analytiques des diverses quantités qu'ils renferment. Nous ne considérons enfin, parmi les intégrales du système, que celles qui elles-mêmes sont analytiques, et, parmi les intégrales analytiques, que celles qui satisfont à la condition suivante :

« On peut assigner quelque domaine tel, que non seulement les intégrales dont il s'agit y soient régulières, mais que, de plus, leurs valeurs, prises conjointement avec celles de leurs dérivées et des variables indépendantes, restent toujours intérieures à quelque domaine où les premiers membres du système le soient aussi. »

(Il va sans dire que les deux domaines dont l'existence est imposée par la condition ci-dessus font respectivement partie de deux espaces essentiellement différents : si l'on désigne par x, y, ... les variables indépendantes, et par ∂, ... les diverses inconnues et dérivées figurant effectivement dans les premiers membres du système, le premier de ces deux domaines fait partie de l'espace $[[x, ..., y, ...]]$, et le second de l'espace $[[x, y, ..., \partial, ...]]$.)

De pareilles intégrales seront qualifiées d'*ordinaires* : ainsi se trouve généralisée la définition formulée au Chapitre I pour les systèmes d'équations différentielles ordinaires.

La substitution d'intégrales ordinaires connues dans les équations du système considéré en transforme les divers premiers membres en diverses fonctions composées des variables, des intégrales et de quelques-unes de leurs dérivées. D'après la définition même des intégrales ordinaires, et entre les limites assignées par cette définition, les règles établies pour les fonctions composées sont applicables aux premiers membres dont il s'agit; d'ailleurs, chacun d'eux étant identiquement nul après la substitution indiquée, toutes ses dérivées le sont aussi, et l'on *peut*, en conséquence, *différentier indéfiniment les relations du système*.

16. Si aux équations qui composent un système (limité) donné S on adjoint toutes celles qui s'en déduisent par de simples différentiations, le groupe illimité résultant de cette adjonction s'appellera le *système S prolongé*.

D'après ce qui vient d'être dit (n° 15), un groupe quelconque d'intégrales ordinaires du système S satisfait identiquement à toutes les relations du système S prolongé : dès lors, si l'on convient de considérer pour un instant les variables $x, y, \ldots$, les fonctions inconnues $u, v, \ldots$, et leurs dérivées de tous ordres comme autant de variables indépendantes distinctes, le système S prolongé ne peut manquer d'être *numériquement* vérifié par des valeurs particulières quelconques, $x_0, y_0, \ldots$, de $x, y, \ldots$, prises conjointement avec les valeurs correspondantes des intégrales considérées et de leurs dérivées de tous ordres (cela, bien entendu, dans les limites assignées par la définition même des intégrales ord'naires).

Inversement, supposons que, dans un domaine où les premiers membres de S soient réguliers (les seconds membres étant supposés nuls), le système S prolongé admette quelque solution *numérique;* supposons en outre que, en désignant par $x_0, y_0, \ldots$ les valeurs numériques de $x, y, \ldots$, les développements, entiers en $x - x_0$, $y - y_0, \ldots$, qui ont pour coefficients, aux facteurs numériques connus près, les valeurs numériques (figurant dans la solution considérée) de $u, v, \ldots$ et de leurs dérivées de tous ordres soient *convergents*. Cela étant, *les sommes des développements dont il s'agit constituent un groupe d'intégrales ordinaires du système S.*

(Voir *Les systèmes*, etc., n° 99.)

17. Dans un système différentiel résolu par rapport à diverses dérivées des fonctions inconnues qui s'y trouvent engagées, les intégrales doivent, conformément à notre définition du n° 15, être qualifiées d'*ordinaires*, s'il existe quelque domaine tel, que non seulement les intégrales dont il s'agit y soient régulières, mais que, de plus, leurs valeurs, prises conjointement avec celles de leurs dérivées et des variables indépendantes, restent toujours intérieures à quelque domaine où les seconds membres du système le soient aussi. Les théorèmes d'existence ultérieurement indiqués se rapporteront tous aux intégrales *ordinaires* de certains systèmes différentiels possédant la double propriété *d'être résolus par rapport à diverses dérivées des fonctions inconnues qui s'y trouvent engagées*, et *de ne contenir dans leurs seconds membres aucune dérivée principale*.

Considérons donc un système différentiel, S, qui jouisse de cette double propriété; nous dirons qu'il est *passif*, si, assimilant pour un instant les variables x, y, ..., les inconnues u, v, ... et leurs dérivées de tous ordres à autant de variables indépendantes distinctes, on peut, par voie d'éliminations, déduire du système S prolongé (n° 16) un système numériquement équivalent résolu par rapport aux dérivées principales : chacune de ces dernières se trouve ainsi exprimée à l'aide des variables indépendantes, des fonctions inconnues et de leurs dérivées paramétriques, et il va sans dire qu'à chacune d'elles est supposée correspondre, dans le système numériquement équivalent à S prolongé, une formule *unique* de résolution. La solution *numérique* générale de S prolongé est alors fournie par un groupe illimité de formules où les variables, les inconnues et leurs dérivées paramétriques de tous ordres reçoivent des valeurs arbitraires (tout au moins dans les limites où certaines *restrictions d'inégalité* se trouvent vérifiées pour elles), tandis que les dérivées principales se trouvent entièrement déterminées en fonctions de ces diverses quantités. [Une restriction d'inégalité évidente doit être dans tous les cas sous-entendue : c'est que les valeurs numériques des diverses quantités figurant dans les seconds membres (analytiques) de S ne doivent pas excéder les limites où ces seconds membres sont à la fois réguliers; car la considération du système S prolongé, obtenu par l'application indéfinie aux équations de S de l'algorithme des fonctions composées, n'est légitime que s'il s'agit d'intégrales *ordinaires*.]

Un système passif, S, *n'admet au plus qu'un seul groupe*

d'intégrales ordinaires répondant à des conditions initiales données, et les développements de ces intégrales hypothétiques à partir des valeurs initiales des variables peuvent être facilement reconstruits.

Dans un système passif, la question de savoir si le groupe (forcément unique) d'intégrales hypothétiques répondant à des conditions initiales données existe effectivement se résout par l'affirmative dans le cas où leurs développements construits a priori sont tous convergents, par la négative dans le cas contraire.

(Voir *Les systèmes*, etc., n° 101.)

Enfin, un système différentiel, S, jouissant de la double propriété spécifiée au début du présent numéro, sera dit *complètement intégrable*, s'il admet un groupe d'intégrales (effectives), et un seul, répondant à des conditions initiales *arbitrairement* choisies, tout au moins dans les limites où certaines *restrictions d'inégalité* se trouvent vérifiées pour ces dernières [on sous-entend toujours, notamment, puisqu'il s'agit d'intégrales *ordinaires*, que les valeurs initiales des diverses quantités figurant dans les seconds membres (analytiques) de S ne doivent pas excéder les limites de régularité communes aux seconds membres dont il s'agit].

18. Soient

$$x, \ y, \ \ldots,$$
$$u, \ v, \ \ldots$$

des notations (en nombre limité) désignant, les premières diverses variables indépendantes, les dernières diverses fonctions inconnues de ces variables. À chacune des quantités $x, y, \ldots, u, v, \ldots$ faisons correspondre un entier (positif, nul ou négatif), que nous nommerons la *cote* de cette quantité; puis, considérant une dérivée d'ordre quelconque r de l'une des fonctions $u, v, \ldots$, nommons *cote* de la dérivée en question l'entier obtenu en ajoutant à la cote de la fonction celles des r variables de différentiation.

Supposons maintenant que *les cotes respectives des diverses variables indépendantes* soient toutes *égales à* 1, celles des fonctions inconnues étant quelconques; puis, considérant, soit une fonction composée différentielle de $u, v, \ldots$ ([21]), soit une relation différentielle entre u, v, …, nommons *cote* de l'expression ou de la relation dont il s'agit la cote maxima des *inconnues et dérivées* qui y figurent *effectivement* (abstraction totale étant faite, dans cette évaluation, des variables indépendantes elles-mêmes). Cela étant, il est clair que toute différentiation première exécutée, suivant l'algorithme des fonctions composées, sur l'expression ou la relation considérée augmente d'une unité la cote de cette dernière.

Observons encore qu'en désignant par φ la cote minima des diverses fonctions inconnues, toute dérivée d'ordre n de ces dernières aura une cote au moins égale à $n + \varphi$, puisque la cote de toute variable indépendante est supposée égale à 1. Il résulte de là que la cote d'une dérivée d'ordre quelconque ne tombe jamais au-dessous de $1 + \varphi$, et que, si l'on désigne par c un entier déterminé quelconque (n'excédant pas cette limite), le nombre des dérivées possédant une cote égale à c est essentiellement limité.

19. Considérons un système différentiel, S, impliquant les fonctions inconnues u, v, … des variables indépendantes x, y, …, et satisfaisant aux diverses conditions *A*, *B*, *C*, formulées ci-après :

A. Le système S *est résolu par rapport à diverses dérivées des fonctions inconnues qui s'y trouvent engagées, et les seconds membres sont indépendants de toute dérivée principale.*

B. En attribuant, dans toutes les équations du système, aux variables indépendantes des cotes toutes égales à 1, *et aux inconnues des cotes respectives convenablement choisies, chaque second membre ne contient, outre les variables indépendantes, que des quantités (inconnues ou dérivées) dont la cote ne surpasse pas celle du premier membre correspondant.*

Désignant alors par δ la cote minima des premiers membres de S, et partageant les relations de S prolongé en groupes (limités) successifs,

$$S_\delta, \quad S_{\delta+1}, \quad …, \quad S_c, \quad …$$

d'après les cotes croissantes,

$$\delta, \quad \delta+1, \quad …, \quad c, \quad …$$

de leurs premiers membres, nous adjoindrons aux hypothèses *A* et *B*, ci-dessus énoncées, l'hypothèse suivante :

C. En imposant éventuellement aux valeurs numériques des quantités qui figurent dans les seconds membres de S telles ou telles restrictions d'inégalité, *on peut, des groupes successifs (en nombre illimité)*

$$S_\delta, \quad S_{\delta+1}, \quad \ldots, \quad S_C, \quad \ldots,$$

extraire respectivement des groupes,

(1) $$t_\delta, \quad t_{\delta+1}, \quad \ldots, \quad t_C, \quad \ldots,$$

tels que l'un quelconque d'entre eux. t_C, composé d'équations en nombre exactement égal à celui des dérivées principales de cote C, soit résoluble par rapport à elles. Les groupes partiels (1) sont alors successivement résolubles par rapport aux dérivées principales de cotes

$$\delta, \quad \delta+1, \quad .. , \quad C, \quad \ldots,$$

et cela quelles que soient (sauf les restrictions éventuelles *d'inégalité* auxquelles il est fait allusion plus haut) les valeurs numériques attribuées aux variables x, y, $\ldots$, aux inconnues u, v, $\ldots$, et aux dérivées paramétriques.

Cela posé, et *les conditions A, B, C, ci-dessus énoncées, étant supposées satisfaites :*

1° *Le système* S *admet au plus un groupe d'intégrales ordinaires répondant à des conditions initiales données.*

2° *Pour que le système* S *soit passif, il faut et il suffit que l'élimination des dérivées principales de cotes*

$$\delta, \quad \delta+1, \quad \ldots, \quad C,$$

effectuée entre les équations

$$S_\delta, \quad S_{\delta+1}, \quad \ldots, \quad S_C,$$

conduise, quel que soit C, *à des identités* (c'est-à-dire à des relations que vérifient toutes valeurs numériques des quantités x, y, $\ldots$, u, v, $\ldots$ et des dérivées paramétriques, considérées comme autant de variables indépendantes distinctes).

3° *Pour que le système* S *soit complètement intégrable* (n° 17), *il faut et il suffit, en premier lieu, qu'il soit passif, et, en second lieu, que les développements (construits a priori) des intégrales hypothétiques qui répondent à des conditions initiales arbitraires admettent toujours quelque domaine de convergence.*

(Voir *Les systèmes,* etc., n° 103.)

Définition des systèmes orthonomes.

20. Soient, comme au n° 18,

$$x, \quad y, \quad \ldots$$
$$u, \quad v, \quad \ldots$$

des notations (en nombre limité) désignant, les premières diverses variables indépendantes, les dernières diverses fonctions inconnues de ces variables. A chacune de ces quantités attribuons p cotes successives arbitrairement choisies ($p \geqq 1$). Désignons enfin par δ, δ' deux quantités appartenant à l'ensemble que forment les fonctions u, v, ... et leurs dérivées de tous ordres, par

$$c_1, \quad c_2, \quad \ldots, \quad c_p,$$
$$c'_1, \quad c'_2, \quad \ldots, \quad c'_p$$

les cotes respectives de ces deux quantités, et convenons de dire que δ' est *normale* ou *anormale* par rapport à δ, suivant que les différences successives

$$c_1 - c'_1, \quad c_2 - c'_2, \quad \ldots, \quad c_p - c'_p$$

satisfont ou non à la double condition : 1° que ces différences ne soient pas toutes nulles; 2° que la première d'entre elles non égale à zéro soit positive.

Considérons maintenant un système différentiel impliquant les fonctions inconnues u, v, ... des variables indépendantes x, y, ... et possédant, comme dans l'hypothèse *A* du n° 19, la double propriété : 1° *d'être résolu par rapport à diverses dérivées de ces inconnues;* 2° *de ne contenir dans ses seconds membres aucune dérivée principale.* Puis, à chacune des quantités x, y, ..., u, v, ... attribuons, conformément aux indications qui précèdent, p cotes successives, sous la seule condition *que les cotes premières de toutes les variables indépendantes aient pour valeur commune l'unité.* Cela étant, le système considéré sera dit *orthonome*, si, moyennant un choix convenable de l'entier p et des cotes que l'on a commencé par attribuer aux variables et aux inconnues, chaque second membre ne contient *effectivement*, outre les variables indépendantes, que des quantités (inconnues ou dérivées) qui soient normales par rapport au premier membre correspondant.

[*Voir* dans l'Ouvrage déjà cité (*Les systèmes, etc.*, n° 105) les exemples donnés pour éclairer cette définition; ils permettent, notamment, de se rendre compte que les systèmes envisagés par Darboux et Mme de Kowalevsky ne constituent qu'un cas très particulier des systèmes *orthonomes*.]

21 et 22. *Tout système orthonome satisfait aux conditions A, B, C du n° 19.*

(Voir *Les systèmes, etc.*, n°^{s} 106, 107, 108.)

Pour qu'un système orthonome soit complètement intégrable, il est donc nécessaire et suffisant (n° 19), en premier lieu, qu'il soit passif, et, en second lieu, que les développements (construits *a priori*) des intégrales hypothétiques qui répondent à des conditions initiales arbitraires admettent toujours quelque domaine de convergence.

Nous nous occuperons tout d'abord de la passivité. Dans le cas où deux premiers membres au moins sont des dérivées d'une même inconnue, il semble, d'après ce qui a été dit plus haut (n° 19), qu'on ne puisse en général exprimer la passivité qu'à l'aide d'un nombre infini de relations dont chacune doit être identiquement vérifiée : ces identités toutefois, ainsi qu'on va le voir, résultent, à titre de conséquences nécessaires, d'un nombre essentiellement limité d'entre elles.

Règle provisoire de passivité d'un système orthonome.

23. *Soient :*

S *un système orthonome;*
ô *la cote première minima de ses premiers membres;*

$$S_{\delta}, \quad S_{\delta+1}, \quad S_{\delta+2}, \quad \ldots$$

les relations du système S *prolongé* (n° 16) *partagées en groupes successifs d'après les cotes premières croissantes,*

$$\delta. \quad \delta + 1. \quad \delta + 2, \quad \ldots$$

de leurs premiers membres;

Ω *la cote première maxima des dérivées cardinales* (n° 14) *des inconnues.*

Pour que le système S *soit passif, ou, en d'autres termes, pour que l'élimination des dérivées principales de cotes premières*

$$\delta. \quad \delta + 1. \quad \ldots. \quad C,$$

effectuée entre les équations

$$S_\delta. \quad S_{\delta+1}, \quad \ldots, \quad S_c,$$

conduise, quel que soit C, *à des identités, il suffit que cela ait lieu pour* $C = \Omega$.

S'il n'y a pas de dérivées cardinales (comme, par exemple, dans les systèmes kowalevskiens), *la passivité a lieu d'elle-même.*

(Voir *Les systèmes,* etc., n°ˢ 109 à 112.)

[Cette règle provisoire sera, dans un Chapitre ultérieur (Chap. V), simplifiée et généralisée.]

Si les relations ainsi obtenues ne sont pas, comme l'exige la passivité, *identiquement* vérifiées, et si l'on cesse, en conséquence, d'y considérer comme indépendantes les quantités autres que x, y, ..., elles se présentent comme étant, *au point de vue de l'intégration,* des conséquences du système donné, c'est-à-dire qu'elles ne peuvent manquer d'être satisfaites par tout groupe d'intégrales ordinaires de ce système : *au cas donc où, sans être identiquement vérifiées, quelques-unes d'entre elles ne contiendraient que les seules variables* x, y, ..., *le système proposé n'admettrait aucun groupe d'intégrales ordinaires.*

Cette remarque s'applique, en particulier, au système différentiel (manifestement orthonome) dont nous avons dit un mot à propos du Calcul inverse de la dérivation (n° 14) : dans ce système, les conditions de passivité, suffisantes pour l'existence de l'intégrale qui répond à des conditions initiales données, sont en même temps *nécessaires* à l'existence de toute intégrale, parce qu'elles ne contiennent, comme les seconds membres du système, que les seules variables indépendantes; c'est pourquoi on les nomme, en pareil cas, *conditions d'intégrabilité.*

Convergence des développements
des intégrales d'un système orthonome; théorème d'existence.

24. Soient :

S un système *orthonome;*

δ et Δ les cotes premières respectivement minima et maxima de ses premiers membres;

$$S_\delta, \ S_{\delta+1}. \ \ldots, \ldots \ S_\Delta, \ S_{\Delta+1}, \ \ldots$$

les relations de S prolongé distribuées en groupes successifs d'après les cotes premières croissantes de leurs premiers membres;

t_c un groupe partiel extrait de S_c sous la seule condition d'avoir pour premiers membres, sans omission ni répétition, les diverses dérivées principales de cote première C.

Cela étant, *si, dans le système orthonome* S, *on considère un groupe d'intégrales (ordinaires) hypothétiques répondant à des conditions initiales données, les développements (bien déterminés) construits a priori à l'aide des valeurs initiales données et de celles que fournit la résolution successive* (toujours possible) *des groupes*

$$t_\delta, \ t_{\delta+1}, \ \ldots, \ t_\Delta, \ t_{\Delta+1}, \ \ldots,$$

par rapport aux dérivées principales, sont nécessairement convergents.

Voir *Les systèmes, etc.,* n° 114 : c'est, comme nous l'avons dit plus haut (n° 6), par une extension de la méthode des fonctions majorantes que la convergence des développements envisagés se trouve établie.

25. THÉORÈME D'EXISTENCE. — *Tout système orthonome passif est complètement intégrable, c'est-à-dire admet un groupe (unique) d'intégrales ordinaires répondant à des conditions initiales arbitrairement choisies.*

C'est ce qui résulte du simple rapprochement des n°ˢ 22 et 24.

CHAPITRE IV.

EXISTENCE DES INTÉGRALES ORDINAIRES DANS UN SYSTÈME DIFFÉRENTIEL
QUELCONQUE DU MONDE ANALYTIQUE; DEGRÉ DE GÉNÉRALITÉ DU SYSTÈME.
APPLICATIONS.

**Possibilité théorique de la réduction à une forme complètement
intégrable d'un système différentiel quelconque du monde analytique.**

26. Nous présenterons tout d'abord une remarque générale sur
le genre de raisonnement qu'on est obligé de faire dans une semblable question, quel que soit d'ailleurs le mode de réduction
adopté. On doit en effet, quel que soit ce mode, résoudre successivement par rapport aux fonctions inconnues et à leurs dérivées, considérées dans un certain ordre, certaines relations, dont les unes sont
données, et dont les autres s'introduisent dans le cours des calculs;
or, on admet que chacune des résolutions successives auxquelles on
est ainsi conduit puisse s'effectuer conformément au principe général
des fonctions implicites sans que les résolutions antérieures en soient
troublées : cette présomption relative à la marche normale des calculs
se justifie toutefois assez fréquemment pour que les déductions qui
vont suivre conservent toute leur valeur générale. Cette réserve faite,
voici comment la possibilité théorique à laquelle il est fait allusion
dans le titre ci-dessus a été établie par M. Riquier : les raisonnements
dont il a fait usage s'appuient sur un certain nombre de lemmes qui
se trouvent tous exposés en détail dans l'Ouvrage cité (*Les systèmes, etc.*, n° 214), mais dont l'un, en raison de son importance capitale, doit faire ici l'objet d'une mention spéciale :

Soient

$$(1) \qquad\qquad u, \quad v, \quad \ldots$$

diverses fonctions inconnues (en nombre limité) des variables indépendantes

$$x, \quad y, \quad \ldots \quad z.$$

Considérant un ensemble *limité* formé avec des dérivées (d'ordre
positif ou nul) de u, v, $\ldots$, convenons de dire (comme si les déri

vées en question étaient les premiers membres d'un système différentiel résolu par rapport à elles) qu'une dérivée quelconque de u, v, … est *principale* relativement à cet ensemble, si elle coïncide avec quelqu'un des termes de l'ensemble ou quelqu'une de leurs dérivées; convenons de dire, dans le cas contraire, qu'elle est *paramétrique* par rapport à l'ensemble.

Cela posé, *si l'on forme successivement, avec des dérivées de u, v, …, divers ensembles (limités) dont chacun ne contienne que des dérivées paramétriques par rapport à tous les précédents, le nombre de ces ensembles est forcément limité.*

27. *Étant donné un système différentiel (limité), dont les premiers membres (après réduction des seconds à zéro) sont développables dans quelque domaine, on peut, dans les circonstances générales, et sauf la rencontre de relations non identiques entre les seules variables indépendantes, en déduire, sans changement de variables ni intégration, un système complètement intégrable tel, que le deuxième système équivaille au premier au point de vue de l'intégration.*

(Voir *Les systèmes d'équations aux dérivées partielles*, n° 213.)

28. Mode de réduction plus général. Voir *ibid.*, n° 216.

Comparaison entre les degrés de généralité de deux formes passives provenant d'un même système différentiel.

29. Supposons que, dans un système différentiel passif, on ait, par un procédé quelconque, fixé l'économie des conditions initiales, ce qui met en évidence diverses fonctions (ou constantes) arbitraires en nombre fini. Cela étant, nommons *arbitraire de genre h* toute fonction arbitraire de h variables (les constantes arbitraires sont, d'après cette définition, des arbitraires de genre zéro); puis, désignons par λ le genre maximum des arbitraires qui figurent dans ces conditions initiales, et appelons μ le nombre des arbitraires qui, parmi elles, sont de genre λ. On voit immédiatement que le nombre des arbitraires restantes peut être augmenté au delà de toute limite : si l'on désigne, en effet, par n un entier positif aussi grand qu'on le voudra, et par x_0

une valeur initiale de x, toute fonction arbitraire, $\Phi(x, y, \ldots, z)$, des p variables $x, y, \ldots, z$ peut être mise sous la forme

$$\psi_0(y, \ldots, z) + (x - x_0)\ \psi_1\ (y, \ldots, z) + (x - x_0)^2\ \psi_2(y, \ldots, z)$$
$$\ldots\ldots\ldots\ldots\ldots\ldots\ldots\ldots\ldots\ldots\ldots\ldots\ldots\ldots\ldots$$
$$+ (x - x_0)^{n-1}\ \psi_{n-1}(y, \ldots, z) + (x - x_0)^n\ \Psi(x, y, \ldots, z),$$

où figurent, avec une arbitraire de genre p,

$$(1) \qquad\qquad\qquad \Psi(x, y, \ldots, z),$$

n arbitraires de genre $p - 1$,

$$(2) \quad \psi_0(y, \ldots, z), \quad \psi_1(y, \ldots, z), \quad \psi_2(y, \ldots, z), \quad \ldots, \quad \psi_{n-1}(y, \ldots, z);$$

en conséquence, la donnée de la fonction arbitraire $\Phi(x, y, \ldots, z)$ équivaut visiblement à celle des fonctions arbitraires (1) et (2).

Considérons maintenant un système différentiel quelconque, supposons-le réduit, de diverses manières, à une forme passive, et comparons, dans ces diverses formes, le nombre et la nature des éléments arbitraires que l'économie des conditions initiales met en évidence : il est clair, d'après ce qui précède, que les résultats intéressants d'une semblable comparaison ne peuvent se rapporter qu'aux valeurs prises, dans les formes considérées, par les entiers λ et μ. Nous allons, dans ce qui suit, énoncer à ce sujet une loi générale.

30. Étant donné un système différentiel, S, résolu par rapport à diverses dérivées (d'ordres positifs ou nuls) des fonctions inconnues qui s'y trouvent engagées, si, dans les déterminations initiales des intégrales hypothétiques, on considère tous les coefficients comme arbitraires, ces déterminations initiales schématiques peuvent, comme nous l'avons établi (n⁰ˢ 10 et 13), se représenter par des sommes schématiques irréductibles. Pour un même système, S, il existe presque toujours diverses manières de représenter, à l'aide de pareilles sommes, l'ensemble des déterminations initiales : considérant l'une quelconque des représentations dont il s'agit, nous désignerons d'une manière générale par λ le genre maximum des arbitraires qui y figurent, et par μ le nombre de celles dont le genre est λ.

Cela posé, il est facile de se convaincre que, *pour un même système, S, les nombres λ et μ gardent des valeurs constantes,*

*quelque choix que l'on fasse parmi les représentations diverses
dont nous venons de parler.*

(Voir *Les systèmes, etc.*, n° 219.)

31. Un système différentiel quelconque étant donné, lorsque nous
considérerons une des formes passives auxquelles on peut le réduire,
nous supposerons toujours, conformément à ce que permet de cons-
tater l'exposé des méthodes de réduction à une forme complètement
intégrable (*Les Systèmes, etc.*, n°s 215 et 216), que *la forme passive
prolongée équivaut numériquement au système primitif prolongé*,
et, par suite, que *si deux formes passives proviennent d'un même
système différentiel, ces deux formes prolongées équivalent numériquement l'une à l'autre*.

Considérons maintenant, en même temps qu'une forme passive, le
groupe illimité des formules qui donnent la solution numérique générale de cette forme prolongée, et où les quantités principales se
trouvent, comme nous l'avons vu dans la définition de la passivité (n° 17), exprimées à l'aide des variables indépendantes et des
quantités paramétriques. Cela étant, nous dirons qu'une forme passive est *ordinaire*, si, en attribuant à chacune des variables indépendantes une cote (unique) égale à 1 et à chacune des fonctions inconnues une cote (unique) convenablement choisie, les formules dont il
s'agit satisfont toutes, sauf un nombre essentiellement limité d'entre
elles, à la condition que le second membre de chacune ait une cote
au plus égale à celle du premier membre correspondant. Telle est,
par exemple, la forme orthonome passive.

32. *Si l'on réduit à une forme passive ordinaire (n° 31) un
système différentiel donné quelconque (non impossible), les
nombres λ et μ, définis au n° 30, ont des valeurs indépendantes
du mode de réduction adopté.*

*Si l'on réduit ce même système à une forme passive quelconque,
et qu'on désigne par* L, M *les valeurs constantes de λ, μ qui se
rapportent aux formes passives ordinaires, on a nécessairement,
ou bien*

$$\text{L} - \lambda > 0.$$

ou bien

$$\text{L} - \lambda = 0, \qquad \text{M} - \mu > 0,$$

ou bien enfin

$$\mathrm{L} - \lambda = \mathrm{o}. \qquad \mathrm{M} - \mu = \mathrm{o}.$$

(Voir *Les systèmes, etc.*, nᵒ 221.)

Ajoutons que les valeurs constantes gardées par les nombres λ et μ dans toutes les formes passives ordinaires auxquelles on peut réduire le système différentiel donné sont indépendantes du changement des variables et des inconnues ([22]).

33. Étant donnés deux systèmes *passifs*, S', S'', désignons par λ', μ' et λ'', μ'' les valeurs de λ, μ qui s'y rapportent respectivement (nᵒ 30), et convenons de dire que les formes passives S', S'' ont un *degré de généralité égal*, si les deux différences

$$\lambda' - \lambda''. \quad \mu' - \mu''$$

s'annulent à la fois; convenons de dire, dans le cas contraire, que la forme S' a un *degré de généralité supérieur* ou *inférieur* à celui de la forme S'', suivant que la première de ces deux différences qui ne s'annule pas est positive ou negative.

Il résulte immédiatement de cette convention que si l'on considère trois systèmes passifs, S', S'', S''', dont le premier soit plus général que le second et le second plus général que le troisième, le premier ne peut manquer d'être plus général que le troisième. Désignons en effet par

$$\lambda'. \ \mu'; \quad \lambda''. \ \mu''; \quad \lambda'''. \ \mu'''$$

les valeurs de λ, μ qui se rapportent respectivement aux trois systèmes, et écrivons en un Tableau rectangulaire les différences

$$\lambda' - \lambda''. \quad \mu' - \mu''.$$
$$\lambda'' - \lambda'''. \quad \mu'' - \mu'''.$$
$$\lambda' - \lambda'''. \quad \mu' - \mu''';$$

dans ce Tableau, le dernier nombre de chaque colonne verticale est la somme des deux nombres placés au-dessus de lui. En conséquence, si chacune des deux premières lignes horizontales possède la double propriété que les deux différences qu'elle contient ne s'annulent pas à la fois et que la première d'entre elles non égale à zéro soit positive, la troisième ligne horizontale ne pourra manquer d'en jouir aussi.

Cela étant, la proposition du numéro précédent peut s'exprimer plus brièvement en disant que, *parmi toutes les formes passives sous lesquelles on peut mettre un système différentiel donné (non impossible), les formes passives ordinaires présentent un degré de généralité constant, qui se trouve être, de plus, supérieur ou égal à celui de toute autre.*

Ce degré constant sera, par définition même, le *degré de généralité du système donné.*

Le cas où λ est nul donne lieu à deux propositions intéressantes, pour lesquelles nous renverrons le lecteur à l'ouvrage cité (n°s 226 et 227).

Application des théories générales à diverses questions.

34. Nous nous bornerons à énoncer les questions envisagées et les résultats obtenus (^{23}).

I. Déformations finies d'un milieu continu dans l'espace à n dimensions. — Désignant par (j, k) une combinaison de deux entiers, distincts ou non, pris dans la suite 1, 2, ..., n, par $\mu_{j,k} = \mu_{k,j}$ une fonction donnée des n variables indépendantes

$$x_1, \quad x_2, \quad \dots \quad x_n$$

et par

$$u, \quad v, \quad \dots \quad w,$$

n fonctions inconnues de ces variables, M. Riquier considère le système des $\dfrac{n(n+1)}{2}$ équations aux dérivées partielles

$$(1) \qquad \frac{\partial u}{\partial x_j}\frac{\partial u}{\partial x_k} + \frac{\partial v}{\partial x_j}\frac{\partial v}{\partial x_k} + \dots + \frac{\partial w}{\partial x_j}\frac{\partial w}{\partial x_k} = \mu_{j,k};$$

bien que ces équations ne contiennent pas explicitement $u, v, \dots, w$, il est toujours permis de les considérer comme subsistant entre

$$x_1, \quad x_2, \quad \dots \quad x_n;$$
$$u, \quad v, \quad \dots \quad w,$$

et les n^2 dérivées premières de $u, v, \dots, w$ par rapport à $x_1, x_2, \dots, x_n$, soit en tout $n(n + 2)$ quantités : il va sans dire alors que, dans les solutions *numériques* du système (1), les valeurs de u, v, ..., w sont entièrement arbitraires.

Cela étant, l'application des théories générales conduit tout d'abord à la conclusion suivante :

Pour que le système (1) possède quelque groupe d'intégrales, il est nécessaire que les $\frac{n(n+1)}{2}$ fonctions données $\mu_{j,k}$ et leurs dérivées premières et secondes satisfassent à certaines relations, en nombre $\frac{n^2(n^2-1)}{12}$, qu'on nommera, pour cette raison, *conditions de possibilité*.

Inversement, les conditions de possibilité étant supposées vérifiées, à toute solution numérique du système (1) [subsistant, comme il a été dit plus haut, entre $n(n+2)$ quantités] correspond un groupe unique d'intégrales, et il suffit, pour avoir les intégrales générales du système, dépendant de $\frac{n(n+1)}{2}$ constantes arbitraires, de connaître un seul de ces groupes d'intégrales particulières.

M. Riquier se pose ensuite, au sujet des fonctions données $\mu_{j,k}$, une question qui n'avait pas encore été examinée : puisqu'elles doivent vérifier identiquement les conditions de possibilité, un point intéressant consiste à rechercher quels sont, dans le choix de ces fonctions, les éléments dont on peut disposer arbitrairement. Pour résoudre cette question, on considère, dans les conditions de possibilité, les $\frac{n(n+1)}{2}$ fonctions $\mu_{j,k}$ comme des inconnues, et l'on met le système différentiel résultant sous une forme orthonome complètement intégrable : une pareille réduction, toujours possible au point de vue théorique à l'aide de différentiations et d'éliminations (n°s 27 et 28), mais souvent inexécutable au point de vue pratique, peut s'effectuer, dans le cas actuel, par le moyen simple d'une résolution d'équations linéaires. Cela fait, il ne reste plus qu'à fixer, dans la forme ainsi obtenue, l'économie des conditions initiales : le résultat ainsi obtenu présente cette particularité remarquable que n des fonctions μ convenablement choisies, par exemple

$$\mu_{1,2}, \quad \mu_{1,3}, \quad \ldots, \quad \mu_{1,n},$$
$$\mu_{2,3},$$

sont entièrement arbitraires.

II. DÉTERMINATION DES SYSTÈMES DE COORDONNÉES CURVILIGNES ORTHOGONALES A n VARIABLES. — Dans le système (1), précédemment examiné, M. Riquier considère le cas particulier où les diverses fonctions μ pourvues d'indices inégaux sont identiquement nulles ; l'examen de ce cas lui fournit une méthode très simple pour étudier le système des $\frac{n(n-1)}{2}$ équations aux dérivées partielles

$$(2) \qquad \frac{\partial u}{\partial x_j} \frac{\partial u}{\partial x_k} + \frac{\partial v}{\partial x_j} \frac{\partial v}{\partial x_k} + \ldots + \frac{\partial w}{\partial x_j} \frac{\partial w}{\partial x_k} = 0,$$

où (j, k) désigne une combinaison quelconque de deux entiers distincts pris dans la suite $1, 2, \ldots, n$. Il arrive à ce résultat que la solution générale du système (2) contient (avec diverses arbitraires dépendant de moins de deux variables) $\frac{n(n-1)}{2}$ fonctions arbitraires de deux variables : ainsi se trouve caractérisé le degré de généralité de cette solution.

CHAPITRE V.

NOUVELLE EXTENSION DE LA MÉTHODE DES FONCTIONS MAJORANTES ; SIMPLI-FICATION ET EXTENSION DE LA RÈGLE DE PASSIVITÉ ; NOUVEAUX THÉO-RÈMES D'EXISTENCE ([24]).

Convergence de certains développements.

35. La nouvelle extension, ci-après indiquée, de la méthode des fonctions majorantes est basée sur un lemme algébrique qui se formule ainsi :

Considérons un système de q équations du premier degré à q inconnues, par exemple, de trois équations du premier degré à trois inconnues, ayant la forme suivante :

$$(1) \qquad \begin{cases} x = a y + b z + c, \\ y = e x + f z + k, \\ z = m x + n y + p. \end{cases}$$

En même temps que (1), considérons le système

$$(2) \quad \begin{cases} x = A\,y + B\,z + C, \\ y = E\,x + F\,z + K, \\ z = M\,x + N\,y + P. \end{cases}$$

et supposons :

1° Que le Tableau

$$(3) \quad \begin{cases} A, & B, & C, \\ E, & F, & K, \\ M, & N, & P \end{cases}$$

ait tous ses éléments *positifs ou nuls*, ceux de la dernière colonne de droite étant tous *positifs;*

2° Que, dans le Tableau

$$\begin{matrix} a, & b, & c, \\ e, & f, & k, \\ m, & n, & p, \end{matrix}$$

les éléments aient leurs modules respectivement *inférieurs ou égaux* aux éléments correspondants du Tableau (3);

3° Que le système (2) admette une solution. (X, Y, Z), en nombres *positifs.*

Cela étant, *le système* (1) *est nécessairement résoluble par rapport à* x, y, z, *et les valeurs de ces variables qui le vérifient ont des modules respectivement inférieurs ou égaux à* X, Y, Z [25].

36. Considérons un système différentiel, S, satisfaisant aux trois conditions ci-après :

A. Le système S *est résolu par rapport à diverses dérivées des fonctions inconnues qui s'y trouvent engagées, et les seconds membres sont indépendants de toute dérivée principale.*

B. En attribuant, dans toutes les équations du système, aux variables indépendantes des cotes respectives toutes égales à 1, *et aux inconnues des cotes respectives convenablement choisies, chaque second membre ne contient, outre les variables indépendantes, que des quantités (inconnues et dérivées) dont la cote ne surpasse pas celle du premier membre correspondant.*

C. En désignant par δ *et* Δ *les cotes respectivement minima et maxima des premiers membres de* S, et par

$$S_\delta, \quad S_{\delta+1}, \quad S_{\delta+2}, \quad ..$$

les relations du système S prolongé (n° 16) partagées en groupes successifs d'après leurs cotes croissantes

$$\delta, \quad \delta+1, \quad \delta+2, \quad ...,$$

on peut, des groupes

$$S_\delta, \quad S_{\delta+1}, \quad ..., \quad S_\Delta$$

(en nombre $\Delta - \delta + 1$), *extraire respectivement des groupes*

$$t_\delta, \quad t_{\delta+1}, \quad ..., \quad t_\Delta,$$

possédant la double propriété de se composer d'équations en nombres respectivement égaux à ceux des dérivées principales de cotes

$$\delta, \quad \delta+1, \quad .. \, , \quad \Delta,$$

et d'être successivement résolubles par rapport à ces dérivées.

En d'autres termes, nous supposons que le déterminant différentiel de l'ensemble de ces groupes par rapport à l'ensemble de ces dérivées est une fonction non identiquement nulle (des variables, des inconnues, et des quelques dérivées paramétriques figurant dans les seconds membres de S); et nous nous astreignons à ne considérer les diverses quantités dont dépend cette fonction que dans les limites où sa valeur numérique reste différente de zéro.

Dans un système ainsi défini, considérons un groupe d'intégrales ordinaires *hypothétiques* répondant à des conditions initiales données. Cela étant, *si les valeurs numériques initiales choisies pour les quantités qui figurent dans les seconds membres de* S *satisfont* (en outre de celle qu'exige déjà la condition C) *à certaines restrictions d'inégalité :*

1° *Pour toute valeur de l'entier (algébrique)* C *supérieure à* Δ, *tout groupe partiel,* t_C, *extrait de* S_C *sous la seule condition d'avoir pour premiers membres (sans omission ni répétition) les diverses dérivées principales de cote* C, *est résoluble par rapport à ces dernières.*

2° *Les développements (bien déterminés) construits à l'aide des valeurs initiales données et de celles que fournit la résolution successive des groupes*

$$t_\delta, \quad t_{\delta+1}, \quad \ldots \quad t_\Delta, \quad t_{\Delta+1}, \quad t_{\Delta+2}, \quad \ldots$$

sont convergents.

Dans cette nouvelle extension de la méthode des fonctions majorantes, le lemme formulé au n° 35 joue un rôle capital, sur lequel, faute de place, nous ne pouvons insister ici; nous ne pouvons non plus, pour la même raison, indiquer comment on forme les nouvelles restrictions d'inégalité auxquelles il est fait allusion ci-dessus.

(Voir *Les systèmes*, etc., n° 167.)

Premier théorème d'existence.

37. Considérons un système différentiel. S, remplissant la double condition ci-après :

1° *Le système S est résolu par rapport à diverses dérivées des fonctions inconnues qui s'y trouvent engagées, et les dérivées dont il s'agit appartiennent respectivement à des inconnues toutes différentes; les seconds membres sont d'ailleurs indépendants de toute dérivée principale.*

2° *En attribuant, dans toutes les équations du système, aux variables des cotes respectives toutes égales à 1. et aux inconnues des cotes respectives convenablement choisies. chaque second membre ne contient, outre les variables indépendantes, que des quantités (inconnues et dérivées) dont la cote ne surpasse pas celle du premier membre correspondant.*

Cela étant, et dans les limites où les valeurs initiales choisies pour les quantités qui figurent dans les seconds membres satisfont aux diverses restrictions d'inégalité successivement mentionnées au n° 36. le système dont il s'agit est complètement intégrable.

Effectivement. le groupe général. S_C, de la suite

$$(1) \qquad\qquad S_\delta, \quad S_{\delta+1}, \quad \ldots, \quad S_C, \quad \ldots$$

contient, en pareil cas, un nombre d'équations *précisément égal* au nombre des dérivées principales de cote C. Cela étant, choisissons d'une façon arbitraire les conditions initiales imposées aux intégrales hypothétiques, en assujettissant simplement les valeurs initiales des quantités qui figurent dans les seconds membres de S :

1° *A ce que les groupes*

$$S_\delta. \quad S_{\delta+1}. \quad \ldots \quad S_\Delta$$

soient résolubles chacun par rapport aux dérivées principales de cote égale à son indice, c'est-à-dire à ce que la restriction d'inégalité imposée, au début du n° 36, par la condition C se trouve satisfaite;

2° *A ce que les restrictions d'inégalité spécifiées à la suite* dans le même n° 36 *le soient également*.

Il résulte alors de la proposition énoncée au n° 36 que les groupes (1), où l'on suppose remplacées par les valeurs initiales données les variables, les inconnues et leurs dérivées paramétriques de tous ordres, sont successivement résolubles par rapport aux dérivées principales de cotes

$$\delta, \quad \delta+1. \quad \ldots \quad C, \quad \ldots,$$

et que les développements (uniques) construits à l'aide des valeurs initiales, tant données que calculées, sont de toute nécessité convergents : leurs sommes fournissent donc des intégrales *effectives* du système proposé S.

38. Considérons, par exemple, l'équation très simple

$$\frac{\partial^2 u}{\partial x \, \partial y} = f\left(x, y, u, \frac{\partial u}{\partial x}, \frac{\partial u}{\partial y}, \frac{\partial^2 u}{\partial x^2}, \frac{\partial^2 u}{\partial y^2} \right),$$

qui remplit la double condition énoncée au début du n° 37, ainsi qu'on le voit en attribuant à x, y, u les cotes respectives 1, 1, c, où c désigne un entier algébrique choisi comme on voudra : pour qu'elle admette une intégrale, et une seule, répondant à des conditions initiales données, il suffit, en désignant par A et B les dérivées partielles du second membre f par rapport à $\frac{\partial^2 u}{\partial x^2}$ et $\frac{\partial^2 u}{\partial y^2}$ respectivement, que le module initial du produit AB soit inférieur à $\frac{1}{4}$ [26].

(Voir *Les systèmes, etc.*, n° 169.)

Simplification de la règle de passivité d'un système orthonome.

39. Lorsque, dans une fonction schématique de variables en nombre quelconque, on a à effectuer une coupure E (n°s 10 et suiv.), l'opération peut toujours, comme nous l'avons établi (voir *Les systèmes, etc.*, n°s 85 et 86), être conduite de telle façon que la somme schématique irréductible obtenue pour le résidu remplisse à la fois les diverses conditions suivantes :

Si l'on partage les facteurs monomes, qui figurent dans cette somme schématique, en groupes successifs d'après leurs degrés croissants, ces degrés forment une progression arithmétique de raison 1 commençant par zéro.

Si, considérant l'un quelconque des groupes ainsi formés, on multiplie l'un des facteurs monomes qui y figurent successivement par chacune des différences étrangères au facteur schématique correspondant, et qu'on répète cette opération pour tous les facteurs monomes du groupe, on ne reproduit (aux coefficients schématiques près) d'autres termes élémentaires du résidu que les facteurs monomes du groupe suivant, et on les reproduit tous.
(En particulier, les multiplications opérées sur le dernier groupe ne reproduisent aucun terme élémentaire du résidu.)

Enfin, *si, dans l'ensemble des produits que fournissent les multiplications effectuées sur les divers groupes, on considère ceux qui ne sont semblables à aucun terme élémentaire du résidu, on y retrouve, entre autres monomes, ceux dont se compose l'ensemble* E *quand on l'a rendu irréductible.*

(Dans le cas où le résidu de la coupure ne contient qu'un nombre limité de termes élémentaires, il est clair que toute somme schématique irréductible exprimant ce résidu ne contient que des termes schématiques dégénérés, qui sont ces termes élémentaires eux-mêmes, et que, par suite, une pareille somme est unique : elle possède donc nécessairement les propriétés ci-dessus spécifiées. On observera seulement que, chacun des facteurs schématiques étant alors dégénéré, toutes les différences obtenues en retranchant de chaque variable sa valeur initiale lui sont nécessairement étrangères.)

40. De cette proposition résulte la suivante, relative à la forme des conditions initiales dans un système différentiel :

Soit S un système différentiel résolu par rapport à diverses dérivées des fonctions inconnues qui s'y trouvent engagées, et tel qu'aucun des premiers membres n'y soit une dérivée de quelque autre : dans ce système, répartissons par la pensée les conditions initiales en groupes, suivant qu'elles se rapportent à telle ou telle inconnue. Cela posé, *l'application d'un procédé tout élémentaire permet de mettre les conditions initiales sous une forme telle, que les diverses circonstances suivantes s'y trouvent réalisées :*

Si l'on partage le groupe relatif à une inconnue quelconque, u par exemple, en sous-groupes successifs d'après les ordres croissants des premiers membres, ces ordres forment une progression arithmétique de raison 1 commençant par zéro.

Si l'on considère l'un des sous-groupes ainsi formés, qu'on exécute sur l'un quelconque de ses premiers membres les diverses différentiations premières n'intéressant aucune des variables dont dépend (schématiquement) le second membre correspondant, et qu'on répète l'opération sur tous les premiers membres du sous-groupe, l'ensemble des résultats ainsi obtenus ne contient d'autres dérivées paramétriques que les premiers membres du sous-groupe suivant, et il les contient tous. (En particulier, les différentiations ainsi exécutées sur le dernier sous-groupe ne fournissent que des dérivées principales.)

Enfin, si, considérant l'ensemble de toutes les conditions initiales, on effectue sur le premier membre de chacune les différentiations indiquées, on retrouve parmi les résultats tous les premiers membres du système S.

Effectivement, le groupe de conditions initiales relatif à u s'obtient, comme il a été dit plus haut (n° 13), en pratiquant une certaine coupure dans une fonction schématique des variables indépendantes x, y, ... ; d'ailleurs, pour avoir les divers monomes de l'ensemble à l'aide duquel on doit effectuer la coupure, il suffit de prendre, parmi les premiers membres de S, ceux qui sont des dérivées de l'inconnue u, et d'en déduire respectivement, par la considération des ordres partiels de dérivation, certains monomes entiers par rapport aux différences $x - x_0$, $y - y_0$, ... Or, puisque, en vertu de notre hypothèse, aucun des premiers membres du système S n'est une dérivée de quelque autre, l'ensemble ainsi obtenu est irréductible. Cela étant, la proposition à démontrer est une conséquence immédiate de celle qui se trouve formulée au n° 39.

Il importe de faire l'observation suivante :

Si, attribuant à chacune des variables indépendantes du système S une cote (unique) égale à 1, et à chacune de ses fonctions inconnues une cote (unique) quelconque, on désigne par Γ la cote maxima des premiers membres des conditions initiales (mises sous la forme que nous venons d'indiquer), la cote maxima des premiers membres de S ne peut, en vertu de la dernière partie de notre énoncé, surpasser $\Gamma + 1$.

41. Nous pouvons maintenant formuler la règle simplifiée de passivité à laquelle fait allusion le titre du présent paragraphe.

Soit S un système orthonome tel qu'aucun des premiers membres n'y soit une dérivée de quelque autre : pour que ce système soit passif [et, par suite (n°s 19 et 25), complètement intégrable], *il faut et il suffit que l'élimination des dérivées principales de cotes premières*

$$\delta, \quad \delta + 1, \quad \dots, \quad \Gamma + 2,$$

effectuée entre les équations

$$S_\delta, \quad S_{\delta+1}, \quad \dots, \quad S_{\Gamma+2},$$

conduise à des identités.

(Voir *Les systèmes*, etc., n° 163.)

[On suppose, bien entendu, que, dans le système orthonome S, ci-dessus envisagé, deux premiers membres au moins sont des dérivées d'une même inconnue, sans quoi, comme il a été dit au n° 23, la passivité aurait lieu d'elle-même.]

42. Premier exemple : voir *Les systèmes*, etc., n° 164.

43. Deuxième exemple : voir *Les systèmes*, etc., n° 165.

Extension de la règle simplifiée de passivité.

44 et 45. Étant donné un système différentiel (d'ordre quelconque) résolu par rapport à diverses dérivées *premières* des fonctions inconnues qui s'y trouvent engagées, on peut, pour en disposer nettement les diverses équations, les écrire dans les cases d'un quadrillage rectangulaire dont les lignes correspondent aux variables indépendantes, x, y, ..., et les colonnes aux fonctions inconnues, u, v, ..., en mettant l'équation qui aurait, par exemple, $\frac{\partial u}{\partial x}$ pour premier membre, dans la case qui appartient à la fois à la colonne (u) et à la ligne (x).

Considérant un système de cette espèce, nous dirons que son Tableau est *régulier*, si l'on peut adopter pour les lignes de ce Tableau, c'est-à-dire pour les variables du système, un ordre tel, que les cases vides de chaque colonne se trouvent situées au bas de cette colonne. Il est clair que, lorsqu'on parcourt de bas en haut les lignes successives d'un pareil Tableau, le nombre des cases vides ne va jamais en augmentant; on peut d'ailleurs, l'ordre des lignes étant ainsi fixé, adopter en même temps pour les colonnes un ordre tel, qu'en parcourant de droite à gauche ces colonnes successives, le nombre des cases vides n'aille pas non plus en augmentant.

46. Les systèmes d'équations aux dérivées partielles auxquels nous allons, dans ce qui suit, étendre la règle simplifiée de passivité remplissent d'abord, entre autres conditions, celles, désignées par A, B, C, que nous formulons ci-après :

A. Le système considéré, S, *est résolu par rapport à diverses dérivées des fonctions inconnues qui s'y trouvent engagées, aucun des premiers membres n'y est une dérivée de quelque autre, et les seconds membres sont indépendants de toute dérivée principale.*

(Cette hypothèse est un peu moins compréhensive que l'hypothèse *A* du n° 36, puisque aucun des premiers membres de S ne doit être, ici, une dérivée de quelque autre.)

B. En attribuant, dans toutes les équations du système, aux variables indépendantes des cotes respectives toutes égales à 1, *et aux inconnues des cotes respectives convenablement choisies, chaque second membre ne contient, outre les variables indépendantes, que des quantités (inconnues et dérivées) dont la cote ne surpasse pas celle du premier membre correspondant.*

C'est, textuellement, l'hypothèse *B* du n° 36.

Mettons alors les conditions initiales du système S sous une forme telle, que les circonstances énumérées au n° 40 se trouvent réalisées; puis, désignons par δ et Δ les cotes respectivement minima et maxima des premiers membres de S, et par Γ la cote maxima des premiers membres des conditions initiales : on a forcément, en vertu d'une observation faite (n° 40),

$$\Delta \leq \Gamma + 1.$$

Cela étant, on peut évidemment, des groupes

$$S_\delta, \ S_{\delta+1}, \ \ldots \ S_{\Gamma+1}$$

du système S prolongé (n° 16), extraire respectivement des groupes,

$$(1) \qquad t_\delta, \ t_{\delta+1}, \ \ldots \ t_{\Gamma+1},$$

possédant la double propriété de se composer d'équations en nombres respectivement égaux à ceux des dérivées principales de cotes

$$\delta, \ \delta+1, \ \ldots \ \Gamma+1,$$

et *de contenir les groupes,*

$$(2) \qquad s_\delta, \ s_{\delta+1}, \ \ldots \ s_\Delta,$$

de cotes respectives

$$\delta, \ \delta+1, \ \ldots \ \Delta,$$

qui figurent dans le système S *non prolongé.* (La chose est possible, dans tous les cas, d'une manière au moins, et, dans l'immense majorité des cas, de plusieurs manières.)

Nous ferons alors l'hypothèse suivante :

C. Il existe quelque suite. (1) *remplissant les conditions ci-dessus indiquées, et telle que les groupes*

$$t_\delta, \ t_{\delta+1}, \ \ldots, \ t_{\Gamma+1}$$

soient successivement résolubles par rapport aux dérivées principales de cotes

$$\delta, \ \delta+1, \ \ldots, \ \Gamma+1.$$

En d'autres termes, nous supposons que le déterminant différentiel de l'ensemble de ces groupes par rapport à l'ensemble de ces dérivées soit une fonction non identiquement nulle (des variables, des inconnues, et des quelques dérivées paramétriques figurant dans les seconds membres de S); et nous nous astreignons à ne considérer les diverses quantités dont dépend cette fonction que dans les limites où sa valeur numérique reste différente de zéro.

(L'hypothèse C du présent numéro 46, analogue à l'hypothèse C du n° 36, est toutefois moins compréhensive : car Δ s'y trouve remplacé par $\Gamma + 1$, qui lui est au moins égal; et, d'autre part, l'ensemble des groupes (1), considéré ci-dessus, est assujetti à contenir l'ensemble des groupes (2) du système S non prolongé.)

47. *Lorsqu'un système différentiel,* S, *remplit les trois conditions A, B, C formulées au n° 46, on en peut déduire un système du premier ordre,* Σ, *impliquant, avec les fonctions inconnues de* S, *certaines de leurs dérivées à titre d'inconnues adjointes, et jouissant par rapport à* S *de la propriété suivante :*

Si l'on forme successivement, dans l'ancien système S, *puis dans le nouveau* Σ, *un ensemble composé des inconnues et de leurs dérivées paramétriques, les deux ensembles ainsi obtenus se correspondent terme à terme, et le second se déduit du premier par de simples changements de notations; de même, et toujours aux notations près, l'économie des conditions initiales est identique dans les deux systèmes.* (Quant aux dérivées principales du nouveau système, elles coïncident, aux notations près, les unes avec des dérivées principales, les autres avec des dérivées paramétriques de l'ancien.)

(Voir *Les systèmes, etc.*, Chap. IX.)

48. Les mêmes choses étant posées et les mêmes notations étant adoptées qu'au numéro précédent, supposons qu'à la restriction d'inégalité impliquée par l'hypothèse C du n° 46 s'adjoigne celle-ci :

« Le système du premier ordre Σ, déduit de S, peut, par un changement linéaire et homogène des variables indépendantes, suivi d'une résolution convenable, être transformé en un système du premier ordre à Tableau régulier (n° 45), dont les colonnes comprennent respectivement les mêmes nombres d'équations que celles de Σ. »

(Voir *Les systèmes, etc.*, n° 161, II.)

Cette nouvelle hypothèse étant adjointe aux hypothèses A, B, C du n° 46, et la notation Γ ayant le même sens qu'au n° 40, *pour que le système proposé* S *soit passif, il faut et il suffit* (comme au n° 41) *que l'élimination des dérivées principales de cotes*

$$\delta, \quad \delta+1, \quad \ldots \quad \Gamma+2,$$

effectuée entre les équations

$$S_\delta, \quad S_{\delta+1}, \quad \ldots \quad S_{\Gamma+2},$$

conduise à des identités.

On retrouve ainsi, accompagnée de restrictions, la règle simplifiée relative aux systèmes orthonomes.

(Voir *Les systèmes, etc.*, Chap. X.)

Deuxième théorème d'existence.

49. *Les mêmes choses étant posées qu'au n° 48, et les restrictions spécifiées à la fin du n° 36 étant, de plus, supposées satisfaites, pour que le système S soit complètement intégrable, il faut et il suffit qu'en attribuant aux notations δ et Γ les mêmes significations respectives que dans ce qui précède, l'élimination des dérivées principales de cotes*

$$\delta, \quad \delta+1, \quad \ldots \quad \Gamma+2,$$

effectuée entre les équations

$$S_\delta, \quad S_{\delta+1}, \quad \ldots \quad S_{\Gamma+2},$$

conduise à des identités.

Car, la convergence des développements se trouvant assurée par suite des restrictions spécifiées en dernier lieu (n° 36, *in fine*), il est nécessaire et suffisant, pour l'intégrabilité complète, que le système S soit passif.

CHAPITRE VI.

EXAMEN DE CERTAINS SYSTÈMES DIFFÉRENTIELS LINÉAIRES ; APPLICATION
DES FONCTIONS MAJORANTES AU PROLONGEMENT ANALYTIQUE DE LEURS
INTÉGRALES ([27]).

Systèmes phanéronomes, passifs et linéaires ; rayons de convergence des développements de leurs intégrales.

50. Un système différentiel, où se trouvent engagées les fonctions inconnues $u, v, \ldots$ des variables indépendantes $x, y, \ldots$, sera dit *phanéronome*, s'il remplit à la fois les diverses conditions suivantes :

1° Le système est résolu par rapport à diverses dérivées des fonctions inconnues, et les seconds membres sont indépendants de toute dérivée principale.

2° En attribuant, dans toutes les équations du système, aux variables x, y, ... des cotes respectives toutes égales à 1, et aux inconnues u, v, ... des cotes respectives convenablement choisies, chaque second membre ne contient, outre les variables indépendantes, que des quantités (inconnues et dérivées) dont la cote tombe *au-dessous* de celle du premier correspondant.

Les systèmes phanéronomes ne constituent, d'après cela, qu'un cas particulier de ceux que nous avons nommés *orthonomes* (Chap. III) : en conséquence, *tout système phanéronome passif est complètement intégrable*.

51. Les systèmes différentiels examinés dans le présent Chapitre sont ceux qui possèdent la triple propriété d'être : 1° *phanéronomes;* 2° *passifs;* 3° *linéaires par rapport à l'ensemble des fonctions inconnues et de leurs dérivées*. Et comme cet examen a pour objet le calcul par cheminement de leurs intégrales, les premières recherches à effectuer doivent naturellement porter sur les rayons de convergence des développements de ces intégrales. Or, en nommant, comme d'habitude, *coefficients* du système les fonctions des seules variables indépendantes qui figurent dans les seconds membres, soit comme multiplicateurs des inconnues ou de leurs dérivées, soit comme termes indépendants de ces quantités, on peut établir la proposition suivante :

Si, dans un système différentiel possédant la triple propriété d'être :

1° *phanéronome;* 2° *passif;* 3° *linéaire par rapport à l'ensemble des fonctions inconnues et de leurs dérivées,*
on considère les intégrales répondant à des conditions initiales données, les développements de ces intégrales, effectués à partir des valeurs initiales des variables, ne peuvent manquer de converger dans les limites où convergent à la fois les développements

*des coefficients et ceux des fonctions données figurant dans les
conditions initiales.*

En supposant, pour fixer les idées, qu'il y ait trois variables indépendantes,
x, y, z, la démonstration de cette propriété repose, comme on le verra
(*Annales de l'École Normale*, 1903), sur la considération du système passif
d'équations différentielles totales

$$
(1) \quad
\begin{cases}
\dfrac{\partial \omega}{\partial x} = \dfrac{M}{(1-x)^{g+1}(1-y)^{g}\,(1-z)^{g}}(1+\omega), \\[2mm]
\dfrac{\partial \omega}{\partial y} = \dfrac{M}{(1-x)^{g}\,(1-y)^{g+1}(1-z)^{g}}(1+\omega), \\[2mm]
\dfrac{\partial \omega}{\partial z} = \dfrac{M}{(1-x)^{g}\,(1-y)^{g}\,(1-z)^{g+1}}(1+\omega),
\end{cases}
$$

où ω désigne une fonction inconnue de x, y, z, M une constante positive
quelconque, g un entier positif également quelconque. Dans ce système, les
intégrales développables en une série entière par rapport à x, y, z sont
données par la formule

$$
1 + \omega = C\, e^{\frac{M}{g} \frac{1}{(1-x)^{g}(1-y)^{g}(1-z)^{g}}},
$$

où C désigne une constante arbitraire; on en déduit immédiatement que *les
développements entiers dont il s'agit admettent des rayons de convergence tous égaux à* 1.

Cette propriété appartient, notamment, à l'intégrale particulière du système (1) qui répond à la condition initiale

$$
\omega = 0 \qquad \text{pour } x, y, z = 0, 0, 0 :
$$

les dérivées de tous ordres de cette intégrale particulière ont d'ailleurs,
comme on le voit sans peine d'après la forme des seconds membres du système, *des valeurs initiales toutes positives.*

En prenant connaissance de la démonstration détaillée qui, dans le Mémoire
cité, fait l'objet du n° 2, le lecteur se rendra compte du rôle capital qu'y joue
la considération du système (1).

Systèmes phanéronomes, passifs et linéaires; calcul par cheminement de leurs intégrales.

52. Un développement fondamental donné, procédant suivant les
puissances entières et positives de $x - x_0$, $y - y_0$, ... (et admettant
quelque domaine de convergence), définit, autour du point fondamental $(x_0, y_0, \dots)$, ce que l'on nomme un élément de fonction analytique, ou encore une *pseudo-fonction* de $x, y, \dots$.

[Si l'on considère deux chemins brisés partant du point $(x_0, y_0, \ldots)$ et aboutissant au même sommet final, ces deux chemins, à supposer qu'ils soient l'un et l'autre praticables par rapport au développement donné, peuvent conduire, suivant les cas, soit au même développement final, soit, au contraire, à deux développements distincts : d'où la dénomination de *pseudo*-fonction.]

Si à ce développement fondamental on substitue sa dérivée d'ordres partiels $p, q, \ldots$, tout chemin brisé praticable relativement aux anciennes données l'est encore relativement aux nouvelles, et les développements successifs obtenus dans le second cas sont les dérivées d'ordres partiels $p, q, \ldots$ de ceux qu'on obtient dans le premier. Cette deuxième pseudo-fonction se nomme la *dérivée d'ordres partiels $p, q, \ldots$ de la proposée*.

Enfin, si l'on considère simultanément diverses pseudo-fonctions de $x, y, \ldots$ définies par un même point fondamental et divers développements fondamentaux, une expression de forme entière par rapport aux sommes de ces développements et de leurs dérivées d'ordres quelconques définit évidemment une nouvelle pseudo-fonction; et tout chemin praticable à la fois pour les diverses pseudo-fonctions données ne peut manquer de l'être aussi pour la nouvelle.

53. Étant donné, dans l'espace $\left[\left[x, y, \ldots\right]\right]$, le chemin brisé

$$(1) \quad \begin{cases} (x_0, y_0, \ldots), \quad (x_1, y_1 \ldots), \quad (x_2, y_2, \ldots), \quad \ldots \quad (x_\kappa, y_\kappa, \ldots), \\ \qquad\qquad (X, Y, \ldots), \end{cases}$$

formons, avec les coordonnées de deux sommets consécutifs quelconques, le Tableau des différences

$$\begin{array}{cccc} x_1 - x_0, & x_2 - x_1, & \ldots, & X - x_\kappa, \\ y_1 - y_0, & y_2 - y_1, & \ldots, & Y - y_\kappa, \\ \ldots, & \ldots, & \ldots & \ldots \end{array}$$

et évaluons, dans les lignes respectives de ce Tableau, les plus grands modules, $\mu_x, \mu_y, \ldots$, que présentent les différences dont il s'agit : ces quantités $\mu_x, \mu_y, \ldots$ se nommeront les *écarts maxima du chemin brisé* (1).

Considérons maintenant, d'une part, une pseudo-fonction de $x, y, \ldots$, définie, conformément aux explications qui précèdent, par un point fondamental, $(x_0, y_0, \ldots)$, et par un développement fondamental; d'autre part, une région *continue*, $\mathfrak{U}$, extraite de l'espace $[[x, y, \ldots]]$, et contenant le point $(x_0, y_0, \ldots)$. Nous dirons que la pseudo-fonction dont il s'agit est *calculable par cheminement dans la région* $\mathfrak{U}$ *avec les rayons de convergence* R_x, R_y, $\ldots$, si tout chemin brisé ayant son premier sommet au point fondamental, ses divers sommets dans la région $\mathfrak{U}$, et des écarts maxima respectivement inférieurs à R_x, R_y, ..., est praticable pour la pseudo-fonction et conduit à des développements successifs admettant tous comme rayons de convergence R_x, R_y, ...

54. Considérons actuellement, comme au n° 31, un système différentiel, S, possédant la triple propriété d'être : 1° *phanéronome*; 2° *passif* ; 3° *linéaire par rapport à l'ensemble des fonctions inconnues et de leurs dérivées*. En prenant pour point de départ la propriété formulée plus haut (n° 31) relativement aux rayons de convergence des développements fondamentaux d'un groupe d'intégrales, on aboutit à cette conclusion, que les intégrales dont il s'agit ne peuvent manquer d'être calculables par cheminement dans les limites où leurs déterminations initiales, d'une part, et les coefficients du système, d'autre part, le sont à la fois.

Dans le Mémoire cité au début du présent Chapitre, le lecteur trouvera, avec les indications détaillées qui donnent à ce bref énoncé toute la précision voulue, l'exposé complet des raisonnements que nécessite sa démonstration générale.

CHAPITRE VII.

DES INTÉGRALES SINGULIÈRES (^{25}).

55. La définition qui nous semble devoir être adoptée pour les intégrales *singulières* consiste à la faire découler, par simple opposition logique, de celle des intégrales *ordinaires* (*voir* la définition du n° 15, rappelée plus loin au n° 59) : elle est donc, comme cette dernière, basée sur la considération d'un caractère qui peut se manifester

ou disparaître suivant la forme que l'on donne au système différentiel
étudié. Elle nous a conduit, après constatation de certaines propriétés
dont jouissent les intégrales générales d'un système total passif, à formuler, pour divers types de systèmes d'équations aux dérivées partielles qui se rencontrent fréquemment, des énoncés où interviennent,
en même temps que les intégrales singulières du système envisagé, les
intégrales générales d'un système total correspondant. Voici, très
brièvement résumés, la méthode que nous avons suivie et les résultats
que nous avons obtenus.

56. I. Considérant une fonction analytique de x, y, ..., définie
par un simple développement entier en $x - x_0$, $y - y_0$, ..., nous
nommerons *phase de nullité* de cette fonction l'extrémité finale de
tout arc continu (voir *Les systèmes*, *etc.*, n° **37**) partant du point fondamental $(x_0, y_0, ...)$ et jouissant de la propriété suivante : « La
fonction considérée, calculable par cheminement sur l'arc dont il
s'agit, atteint la valeur zéro à son extrémité finale; mais elle ne l'atteint
jamais tant que l'on s'astreint, pour chacune des indéterminées
(réelles) dont l'arc dépend, à faire exclusion de la valeur finale, en
remplaçant celle-ci par une autre située en deçà et indéfiniment voisine. »

II. Considérant un groupe de fonctions analytiques de x, y, ...
en nombre limité, définies chacune par un simple développement
entier en $x - x_0$, $y - y_0$, ..., nous nommerons *phase singulière*
du groupe l'extrémité finale de tout arc continu, $\mathcal{C}$, partant du point
fondamental $(x_0, y_0, ...)$ et jouissant de la propriété suivante : « Les
diverses fonctions du groupe sont toutes calculables par cheminement
sur l'arc $\mathcal{C}$ tant que l'on s'astreint, pour chacune des indéterminées
dont l'arc dépend, à faire exclusion de la valeur finale, en remplaçant
celle-ci par une autre située en deçà et indéfiniment voisine; mais
l'une au moins des fonctions du groupe cesse d'être calculable sur
l'arc $\mathcal{C}$, si l'on n'exclut pour aucune des indéterminées la valeur
finale. »

57. Étant donné le système total *passif* du premier ordre

$$(1) \quad \frac{du_i}{dx_j} = F_{i,j}(x_1, ..., x_h, u_1, .., u_k) \quad (i = 1, 2, ..., k; j = 1, 2, ..., h),$$

considérons le groupe des seconds membres $F_{i,j}$, et proposons-nous
d'en rechercher les phases singulières. Les intégrales générales,

$$(2) \qquad u_i = U_i(x_1, \ldots, x_h, C_1, \ldots, C_k) \qquad (i = 1, 2, \ldots, k),$$

du système (1) ayant été formées de telle façon que, pour les valeurs
fondamentales des h variables x, elles se réduisent à de simples fonctions *linéaires* des constantes arbitraires $C_1, \ldots C_k$, traçons, à partir
du point fondamental de l'espace $\big[[x_1, \ldots, x_h]\big]$, un arc, $\mathcal{C}_x(p, \ldots)$,
dépendant d'un groupe d'indéterminées, $p, \ldots$; puis, à partir du
point fondamental de l'espace $\big[[C_1, \ldots, C_k]\big]$, un arc, $\mathcal{C}_c(q, \ldots)$,
dépendant d'un deuxième groupe d'indéterminées, $q, \ldots$, qui n'offre
aucune indéterminée commune avec le groupe $p, \ldots$ En supposant
les intégrales générales (2) calculables par cheminement sur l'arc

$$\big[\mathcal{C}_x(p, \ldots), \mathcal{C}_c(q, \ldots)\big],$$

le point $(u_1, \ldots, u_k)$ décrira, à partir du point fondamental de l'es-
pace $\big[[u_1, \ldots, u_k]\big]$, un arc, $\mathcal{C}_u(p, \ldots, q, \ldots)$, dépendant à la fois
des indéterminées $p, \ldots$ et des indéterminées $q, \ldots$, et, dès lors, le
point $(x_1, \ldots, x_h, u_1, \ldots, u_k)$ décrira, à partir du point fondamental
de l'espace $\big[[x_1, \ldots, x_h, u_1, \ldots, u_k]\big]$, l'arc $\big[\mathcal{C}_x(p, \ldots), \mathcal{C}_u(p, \ldots, q, \ldots)\big]$:
soient

$$
\begin{array}{lll}
(\xi_1 \ldots \xi_h) & \text{l'extrémité finale de l'arc } \mathcal{C}_x(p, \ldots); \\
(\gamma_1 \ldots \gamma_k) & \text{\guillemotright} & \mathcal{C}_c(q, \ldots); \\
(\upsilon_1 \ldots \upsilon_k) & \text{\guillemotright} & \mathcal{C}_u(p, \ldots, q, \ldots)
\end{array}
$$

Cela posé, *si l'arc* $\big[\mathcal{C}_x(p, \ldots), \mathcal{C}_c(q, \ldots)\big]$, *praticable pour le
calcul par cheminement des intégrales générales* (2), *fournit,
par son extrémité finale*

$$(\xi_1, \ldots, \xi_h, \gamma_1, \ldots, \gamma_k),$$

une phase de nullité du déterminant différentiel

$$\Delta = \frac{\partial(U_1, \ldots, U_k)}{\partial(C_1, \ldots, C_k)},$$

l'arc $\big[\mathcal{C}_x(p, \ldots), \mathcal{C}_u(p, \ldots, q, \ldots)\big]$ *ne pourra manquer de fournir, par son extrémité finale*

$$(\xi_1, \ldots, \xi_h, \upsilon_1, \ldots, \upsilon_k),$$

une phase singulière du groupe des seconds membres $F_{i,j}$.

D'où la conséquence suivante :

Les intégrales générales, (2), du système (1) ayant la forme ci-dessus spécifiée, et ces intégrales étant supposées connues, considérons le système obtenu en adjoignant aux k relations (2) la relation

$$(3) \qquad \frac{\partial(U_1, \ldots, U_k)}{\partial(C_1, \ldots, C_k)} = q :$$

dans ce système, qui relie les $h + 2k$ indéterminées

$$x_1, \ldots, x_h, \quad u_1, \ldots, u_k, \quad C_1, \ldots, C_h,$$

toute solution numérique,

$$(\xi_1, \ldots, \xi_h, \upsilon_1, \ldots, \upsilon_k, \gamma_1, \ldots, \gamma_h),$$

fournira, en y faisant abstraction des valeurs $\gamma_1, \ldots, \gamma_h$ de $C_1, \ldots,$ C_h, la phase singulière

$$(\xi_1, \ldots, \xi_h, \upsilon_1, \ldots, \upsilon_k)$$

du groupe des $F_{i,j}$, à la condition toutefois que

$$(\xi_1, \ldots, \xi_h, \gamma_1, \ldots, \gamma_k)$$

soit l'extrémité finale d'un arc $\left[\mathcal{C}_x(p, \ldots), \mathcal{C}_c(q, \ldots) \right]$ praticable pour le calcul par cheminement des intégrales générales (2), et tout le long duquel, en excluant la valeur finale de chacune des indéterminées $p, \ldots, q, \ldots$, le déterminant différentiel Δ n'atteigne jamais la valeur numérique zéro. Sous réserve de cette restriction, indispensable pour la rigueur, on se trouve conduit à éliminer, si possible, $C_1, \ldots, C_k$ entre les $k + 1$ équations du système fini $[(2), (3)]$.

Observons maintenant qu'en raison des conditions particulières imposées ci-dessus aux équations intégrales (2), leur formation présentera souvent de grandes difficultés, et que, dès lors, les calculs à effectuer pour l'élimination, ainsi que les vérifications relatives à la restriction de cheminement, deviendront pratiquement inexécutables ; mais on peut tout d'abord, en ce qui concerne le calcul d'élimination, s'affranchir entièrement de ce surcroît de complications.

Effectivement, si, dans l'espace à $h + k$ dimensions (réelles ou imaginaires)

$$[[x_1, \ldots, x_h, u_1, \ldots, u_k]],$$

on considère la figure variable à k paramètres que définit le système des k équations

$$(4) \quad \begin{cases} \mathrm{M}_1(x_1, \ldots, x_h, u_1, \ldots, u_k, \mathrm{C}_1, \ldots, \mathrm{C}_k) = 0, \\ \cdots\cdots\cdots\cdots\cdots\cdots\cdots\cdots\cdots\cdots\cdots \\ \mathrm{M}_k(x_1, \ldots, x_h, u_1, \ldots, u_k, \mathrm{C}_1, \ldots, \mathrm{C}_k) = 0. \end{cases}$$

cette figure variable à h dimensions admet, en général, une enveloppe à $h + k - 1$ dimensions, dont l'équation réduite s'obtiendra par l'élimination des paramètres $\mathrm{C}_1, \ldots, \mathrm{C}_k$ *entre les k équations* (4) *et la relation*

$$(5) \quad \frac{\partial(\mathrm{M}_1, \ldots, \mathrm{M}_k)}{\partial(\mathrm{C}_1, \ldots, \mathrm{C}_k)} = 0$$

[à cause de l'équation (5), cette élimination ne peut s'effectuer par la résolution des équations (4)]; *le système* [(4), (5)], *en général normalement résoluble par rapport à $k + 1$ des coordonnées, définira une caractéristique à $h - 1$ dimensions.*

Exemples :

1° $h = 1$, $k = 1$. — Dans l'espace $[[x, y]]$, la ligne variable $\mathrm{F}(x, y, \mathrm{C}) = 0$ admet, en général, une ligne enveloppe, dont l'équation réduite s'obtient par l'élimination du paramètre C entre les deux équations

$$\mathrm{F}(x, y, \mathrm{C}) = 0, \qquad \frac{\partial \mathrm{F}}{\partial \mathrm{C}} = 0;$$

l'enveloppe touche d'ailleurs en un simple point chacune des enveloppées.

2° $h = 1$, $k = 2$. — Dans l'espace $[[x, y, z]]$, la ligne variable

$$\mathrm{F}_1(x, y, z, \mathrm{C}_1, \mathrm{C}_2) = 0,$$
$$\mathrm{F}_2(x, y, z, \mathrm{C}_1, \mathrm{C}_2) = 0$$

admet, en général, une surface enveloppe, dont l'équation réduite s'obtient par l'élimination des paramètres C_1, C_2 entre les trois équations

$$\mathrm{F}_1 = 0, \qquad \mathrm{F}_2 = 0, \qquad \frac{\partial(\mathrm{F}_1, \mathrm{F}_2)}{\partial(\mathrm{C}_1, \mathrm{C}_2)} = 0;$$

l'enveloppe touche d'ailleurs en un simple point chacune des enveloppées.

$3°\ h = 2,\ k = 1.$ — Dans l'espace $\left[[x,\ y,\ z]\right]$, la surface variable

$$L(x,\ y,\ z,\ C) = 0$$

admet, en général, une surface enveloppe, dont l'équation réduite s'obtient par l'élimination du paramètre C entre les deux équations

$$L = 0, \qquad \frac{\partial L}{\partial C} = 0;$$

l'enveloppe se raccorde d'ailleurs suivant une ligne avec chacune des enveloppées.

On conclut de là que, dans l'élimination indiquée plus haut sur le système $[(2),\ (3)]$, *le résultat est indépendant de l'écriture adoptée pour les équations intégrales générales du système* (1), lesquelles, définissant toujours, dans l'espace

$$\left[[x_1,\ \dots\ x_h,\ u_1,\ \dots\ u_k]\right],$$

la même famille de figures, ne peuvent manquer, quand on effectue sur ces figures une recherche d'enveloppe, de conduire toujours au même résultat.

Si, après avoir procédé à cette recherche le plus simplement qu'on aura pu, on trouve trop incommodes les vérifications relatives à la restriction de cheminement telle que nous l'avons formulée, on tâchera d'apercevoir, soit par l'examen direct du groupe des $F_{i,j}$, soit par toute autre voie qui semblera praticable, si les divers points de l'espace

$$\left[[x_1,\ ,\dots x_h,\ u_1,\ \dots\ u_k]\right].$$

fournis par l'élimination sont bien tous des phases singulières (n° 56, II) de ce groupe.

58. Étant donné un système partiel du premier ordre, linéaire par rapport aux dérivées des fonctions inconnues qui s'y trouvent engagées, et présentant la structure de ceux que l'on considère dans la méthode d'intégration de Jacobi généralisée ([29]), on peut, à l'aide d'un mécanisme très simple, lui faire correspondre un système total auxiliaire tel : 1° que la passivité du système partiel entraîne celle du

système total ; 2° que les phases singulières du groupe des seconds membres soient fournies, dans l'un et dans l'autre système, par les extrémités finales des mêmes arcs.

Tout système partiel non linéaire du premier ordre n'impliquant qu'une seule fonction inconnue, et résolu par rapport à diverses dérivées (premières) de cette inconnue, jouit de la même propriété ([20]).

59. Considérons actuellement un système quelconque d'équations aux dérivées partielles dont les premiers membres soient *analytiques* et les seconds membres nuls, et n'envisageons, parmi ses intégrales, que celles qui elles-mêmes sont *analytiques* : conformément à la définition fondamentale du n° 15, un groupe de pareilles intégrales est dit *ordinaire*, si l'on peut assigner aux variables indépendantes quelque domaine de variation tel, que non seulement les intégrales dont il s'agit y soient régulières, mais que, de plus, leurs valeurs, prises conjointement avec celles de leurs dérivées et des variables indépendantes, restent toujours intérieures à quelque domaine où tous les premiers membres du système le soient aussi.

Dans ce même système, un groupe d'intégrales (analytiques) sera dit *singulier*, s'il n'est pas ordinaire, ou, en d'autres termes, si, dans la région de convergence du groupe formé par les développements initiaux des intégrales, et aussi loin que ce groupe puisse être prolongé analytiquement, les valeurs des intégrales, prises conjointement avec celles de leurs dérivées et des variables indépendantes, ne sortent jamais d'une région où le groupe formé par l'association des premiers membres cesse d'être régulier ; d'une région, notamment, dont tous les points soient des phases singulières (n° 36, II) de ce dernier groupe.

Il importe de ne jamais perdre de vue la relativité de la distinction ainsi établie entre les intégrales ordinaires et les intégrales singulières : un système différentiel étant donné, une même figure intégrale peut être, pour lui, tantôt ordinaire, tantôt singulière, suivant que le système est mis sous telle ou telle forme.

Par exemple, l'équation aux dérivées partielles

$$\left(z\,x - \frac{\partial z}{\partial x} - y\frac{\partial z}{\partial y} \right)^2 - \frac{\partial z}{\partial x} + \frac{\partial z}{\partial y} = 0$$

n'admet évidemment aucune intégrale singulière, puisque son premier membre est une fonction entière de x, y, z, $\dfrac{\partial z}{\partial x}$, $\dfrac{\partial z}{\partial y}$, considérés pour un instant comme cinq variables indépendantes distinctes; en particulier, les intégrales évidentes

$$z = C(x + y) \qquad (\text{C constante arbitraire})$$

en sont des intégrales ordinaires. Mais, si l'on écrit l'équation sous la forme

$$z - x\frac{\partial z}{\partial x} - y\frac{\partial z}{\partial y} - \sqrt{\frac{\partial z}{\partial x} - \frac{\partial z}{\partial y}} = 0.$$

il résulte de la théorie analytique de la fonction radicale que ces mêmes intégrales deviennent singulières.

Il va sans dire, enfin, que, lorsqu'il s'agit d'un système différentiel résolu par rapport à telles ou telles des quantités qui figurent dans ses équations, c'est, d'après les définitions posées, le groupe des *seconds* membres que l'on doit envisager pour opérer la distinction entre les deux sortes d'intégrales.

60. La méthode que nous allons indiquer, applicable aux divers types de systèmes passifs du premier ordre ci-après énumérés, permet souvent de réaliser un notable progrès dans la recherche de leurs intégrales singulières.

I. *Systèmes passifs d'équations différentielles totales du premier ordre.* — Considérons le système (1); les variables indépendantes qui s'y trouvent engagées étant en nombre h, et les fonctions inconnues en nombre k, ses intégrales analytiques, tant ordinaires que singulières, sont des figures à h dimensions situées dans l'espace à $h + k$ dimensions (réelles ou imaginaires) $\left[[x_1, \ldots, x_h, u_1, \ldots, u_k]\right]$.

Se reportant aux conclusions finales du n° 57 sur les phases singulières des seconds membres d'un système total passif, on formera les équations intégrales générales,

$$I_1(x_1, \ldots, x_h, u_1, \ldots, u_k, C_1, \ldots, C_k) = 0,$$
$$\cdots\cdots\cdots\cdots\cdots\cdots\cdots\cdots\cdots\cdots\cdots\cdots,$$
$$I_k(x_1, \ldots, x_h, u_1, \ldots, u_k, C_1, \ldots, C_k) = 0,$$

du système (1), auxquelles on adjoindra la relation

$$\frac{\partial(I_1, \ldots, I_k)}{\partial(C_1, \ldots, C_k)} = 0.$$

En éliminant, si possible, entre ces $k+1$ relations l'une des constantes arbitraires, C_k par exemple, on obtiendra, dans l'espace à $h+k$ dimensions, une famille de figures à h dimensions, dépendant des paramètres $C_1, \ldots, C_{k-1}$, et dont tout point sera, sauf vérification, une phase singulière du groupe des seconds membres $F_{i,j}$. On tâchera alors d'apercevoir si l'attribution à $C_1, \ldots, C_{k-1}$ de telles ou telles valeurs convenablement choisies peut fournir des figures intégrales du système (1).

II. *Systèmes passifs du premier ordre ayant la forme linéaire par rapport aux dérivées des fonctions inconnues, et intégrables par la méthode de Jacobi généralisée.* — Supposons, pour fixer les idées, que le système considéré implique les trois fonctions inconnues u, v, w des cinq variables indépendantes x, y, z, s, t, et qu'il soit résolu par rapport aux dérivées (premières) relatives à x, y, z de ces inconnues; ses intégrales analytiques, tant ordinaires que singulières, sont des figures à cinq dimensions situées dans l'espace à huit dimensions $\left[[x, y, z, s, t, u, v, w] \right]$.

Au système partiel donné on fera correspondre un système total auxiliaire, impliquant les cinq fonctions inconnues s, t, u, v, w des variables x, y, z, et jouissant, vis-à-vis du système partiel, de la double propriété énoncée au n° 58. On formera ensuite les équations intégrales générales du système auxiliaire, et, les seconds membres de ces dernières étant supposés nuls, on égalera à zéro le déterminant différentiel de leurs premiers membres, pris par rapport aux constantes arbitraires α, β, γ, δ, λ. En éliminant, si possible, entre ces six relations, trois des cinq constantes, γ, δ; λ par exemple, on obtiendra, dans l'espace à huit dimensions, une famille de figures à cinq dimensions, dépendant des paramètres α, β, et dont tout point sera, sauf vérification, une phase singulière pour le groupe des seconds membres du système total auxiliaire, donc aussi du système partiel proposé. On tâchera alors d'apercevoir si l'attribution à α, β de telles ou telles valeurs convenablement choisies peut fournir des figures intégrales de ce dernier.

III. *Systèmes passifs et non linéaires du premier ordre n'impliquant qu'une seule fonction inconnue.* — Supposons, pour fixer les idées, que la fonction inconnue, u, qui se trouve engagée dans le système, dépende des cinq variables x, y, z, s, t, et que le système soit résolu par rapport à $\dfrac{\partial u}{\partial x}$, $\dfrac{\partial u}{\partial y}$, $\dfrac{\partial u}{\partial z}$.

Au système partiel donné on fera correspondre un système total auxiliaire, impliquant les cinq fonctions inconnues s, t, u, $\dfrac{\partial u}{\partial s}$, $\dfrac{\partial u}{\partial t}$ des trois variables x, y, z, et jouissant, vis-à-vis du système partiel, de la double propriété énoncée au n° 58. En opérant, *mutatis mutandis*, comme nous l'avons indiqué pour les systèmes du type II, on tombera sur une relation où ne figurent, à l'exclusion de toute constante arbitraire, que les quantités x, y, z, s, t, u, $\dfrac{\partial u}{\partial s}$, $\dfrac{\partial u}{\partial t}$, et dont toute solution numérique sera, sauf vérification, une phase singulière pour le groupe des seconds membres du système total auxiliaire, donc aussi du système partiel proposé. On tâchera alors d'apercevoir si quelque intégrale de l'équation ainsi obtenue vérifie en même temps ce dernier système.

INDEX BIBLIOGRAPHIQUE.

(¹) Briot et Bouquet, *Mémoire sur les fonctions définies par les équations différentielles* (*Journal de l'École Polytechnique*, cahier XXXVI).

(²) Méray, *Revue des Sociétés savantes, Sciences mathématiques, physiques et naturelles*, t. III, 1868; *Nouveau Précis d'Analyse infinitésimale*, 1872, p. 143. — Bouquet, *Bulletin des Sciences mathématiques et astronomiques*, t. III, 1872, p. 265.

Une nouvelle démonstration du même point, pour laquelle M. Riquier a prêté sa collaboration à Méray, a été publiée en 1889 dans les *Annales de l'École Normale* (Méray et Riquier, *Sur la convergence des développements des intégrales d'un système d'équations différentielles totales*); elle se trouve reproduite dans l'Ouvrage de Méray ayant pour titre : *Leçons nouvelles sur l'Analyse infinitésimale et ses applications géométriques* (Première Partie, p. 256 et suiv.).

(³) Tome LXXX.

(⁴) *Comptes rendus de l'Académie des Sciences*, t. LXXX, p. 101 et 317.

(⁵) Méray, *Démonstration générale de l'existence des intégrales des équations aux dérivées partielles* (*Journal de Mathématiques pures et appliquées*, 3ᵉ série, t. VI).

(⁶) Voir Riquier, *Les systèmes d'équations aux dérivées partielles*, Préface.

(⁷) Méray et Riquier, *Sur la convergence des développements des intégrales ordinaires d'un système d'équations différentielles partielles* (*Annales de l'École Normale*, 1890).

Ce dernier Mémoire a suggéré à Bourlet le sujet de sa Thèse de doctorat (*Sur les équations aux dérivées partielles simultanées qui contiennent plusieurs fonctions inconnues*, 1891). Bourlet parvint à établir qu'un système différentiel quelconque est réductible à une forme du premier ordre dans laquelle la convergence des développements des intégrales est assurée ; mais, sauf des cas fortuits, la forme dont il s'agit n'était pas complètement intégrable, et, par suite, ne faisait nullement connaître le nombre et la nature des éléments arbitraires dont dépendent les intégrales générales.

(⁸) Les diverses recherches résumées aux nᵒˢ 6 et 7 se trouvent exposées en détail dans l'Ouvrage d'ensemble qu'indique la note (⁶).

(⁹) *Sur la forme que prend, par la suppression de certains termes, un développement en série entière* (*Comptes rendus de l'Académie des Sciences*, 31 mai 1898).

(¹⁰) Ce résultat, exposé dans le Chapitre XIV de l'Ouvrage cité (*Les systèmes, etc.*), a été publié par M. Riquier dès 1893 (*Comptes rendus de l'Académie des Sciences*, 28 mars 1892, 27 février 1893, 24 avril 1893; *Annales de l'École Normale*, 1893).

Trois ans après, M. Delassus, à l'aide d'une méthode toute différente essentiellement basée sur le changement des variables, s'efforça de donner une deuxième solution du problème déjà résolu par M. Riquier [*Extension du théorème de Cauchy aux systèmes les plus généraux d'équations aux dérivées partielles* (*Annales de l'École Normale*, 1896)]; mais les résultats qu'il a obtenus ne présentent pas toute la généralité qu'il leur attribuait, et, comme l'ont signalé MM. Gunther et Robinson (*Comptes rendus de l'Académie des Sciences*, 14 avril 1913), il existe des systèmes auxquels cette méthode ne s'applique pas.

(¹¹) *Les systèmes, etc.*, Chap XIV; *Comptes rendus de l'Académie des Sciences*, 22 janvier 1900.

(¹²) Et que d'autres auteurs ont utilisé après lui; nous en reproduisons l'énoncé au nᵒ 35 du présent fascicule.

(¹³) *Sur l'existence, dans certains systèmes différentiels, des intégrales répondant à des conditions initiales données* (*Annales de l'École Normale*, 1904); *Sur les conditions d'intégrabilité complète de certains systèmes différentiels* (*Annales de l'École Normale*, 1907); *Les systèmes, etc.*, Chap. IX et X.

(¹⁴) La Thèse de doctorat de M. Maurice Janet, notamment *Sur les systèmes d'équations aux dérivées partielles*, 1920, a pour objet, comme le dit l'auteur lui-même, un nouvel exposé des résultats de M. Riquier : c'est pourquoi, faute de place, nous nous bornons à la mentionner dans cette note.

(¹⁵) Riquier, *Comptes rendus de l'Académie des Sciences*, 23 décembre 1901; *Annales de l'École Normale*, 1903.

(¹⁶) Un Mémoire de M. Riquier, résumé au Chapitre VII du présent fascicule, a paru sur ce sujet dans les *Annales de l'École Normale*, 1927.

(¹⁷) Il va sans dire que la signification actuelle du mot *coupure* n'a rien de commun avec celle qu'on lui donne couramment dans la théorie des fonctions d'une variable imaginaire.

(¹⁸) *Les systèmes, etc.*, nᵒ 92.

(¹⁹) Dans le cas où les seconds membres du système se réduisent tous à zéro, on est conduit à un résultat particulièrement simple (*ibid.*, nᵒ 94).

(²⁰) Le nᵒ 97 est consacré à des exemples.

(²¹) *Les systèmes, etc.*, nᵒ 65.

[22] *Voir* à ce sujet le Mémoire de M. Riquier ayant pour titre : *Sur le degré de généralité d'un système différentiel quelconque* (*Acta mathematica*, t. XXV, p. 348 et 349).

[23] *Voir*, pour l'exposé détaillé, *Les systèmes, etc.*, Chap. XI; *voir* aussi, au Chapitre XIV, les nᵒˢ 224 et 225.

[24] Pour la démonstration détaillée des résultats résumés dans le Chapitre V du présent fascicule, voir *Les systèmes, etc.*, Chap. IX et X.

[25] Ainsi qu'il est dit au Chapitre I du présent fascicule (nᵒ 7), ce lemme, que d'autres auteurs ont ensuite utilisé, a été signalé par M. Riquier.

[26] Une recherche antérieure (GOURSAT, *Comptes rendus de l'Académie des Sciences*, 2 novembre 1897) assignait comme condition suffisante à l'existence de l'intégrale l'égalité $A_0 B_0 = 0$, qui se trouve renfermée comme cas particulier dans l'inégalité $\mathrm{mod}(A_0 B_0) < \frac{1}{4}$.

Une recherche postérieure, qui ne repose pas sur la considération des fonctions majorantes (GUNTHER, *Rec. Math.*, XXXII, nᵒ 1, 1924), astreint simplement la quantité $A_0 B_0 - \frac{1}{4}$ à n'être pas un nombre positif : cette dernière condition renferme à son tour comme cas particulier l'inégalité $\mathrm{mod}(A_0 B_0) < \frac{1}{4}$.

[27] RIQUIER, *Sur le calcul par cheminement des intégrales de certains systèmes différentiels* (*Annales de l'École Normale*, 1903).

[28] Le Chapitre VII du présent fascicule est, comme nous l'avons dit plus haut, le résumé d'un Mémoire récemment paru (1927) dans les *Annales de l'École Normale*.

[29] Ces systèmes peuvent impliquer un nombre quelconque de fonctions inconnues (voir *Les systèmes, etc.*, nᵒ 206).

[30] C'est ce que nous indiquons en détail dans le Mémoire, auquel fait allusion la note [28].

TABLE DES MATIÈRES.

PARIS. — IMPRIMERIE GAUTHIER-VILLARS ET Cie

Quai des Grands-Augustins, 55

79178-28

LIBRAIRIE GAUTHIER-VILLARS et Cⁱᵉ
55, QUAI DES GRANDS-AUGUSTINS, PARIS (6ᵉ)

Envoi dans toute l'Union Postale, contre mandat-poste ou valeur sur Paris.
Frais de port en sus (Chèques postaux : 29 323.) R. C. Seine 29 340.

MÉMORIAL DES SCIENCES MATHÉMATIQUES

Directeur : Henri VILLAT
Correspondant de l'Académie des Sciences de Paris,
Professeur à la Sorbonne,
Directeur du *Journal de Mathématiques pures et appliquées*.

Nouvelle collection fondée sous le haut patronage des Académies Françaises et Étrangères, avec la collaboration de nombreux savants.

70178-28 Paris. — Imprimerie Gauthier-Villars et Cⁱᵉ, 55, quai des Grands-Augustins.